雅美族的社會與風俗

讓傳統文化立足世界舞台

——《協和台灣叢刊》發行人序

林經甫勃仲

這是一種相當難得且奇特的經驗，四十歲之前，許多人常會問我的，總是一些生理與醫療方面的問題；四十歲之後，我最常思考的卻是文化方面的問題。

如此南轅北轍的改變，最主要的原因，應該是來自我的經驗法則：跟每一位成長在戰後的一代相彷，自童年長至青年，無論是家庭、學校或者是整個社會給我的壓力，只是讀書、考試，考試、讀書；而我一直也沒讓人失望，唸完醫學院後，順利負笈英國，接着又在日本拿到博士學位，先後在美國及台灣擔任過許多人欽羨的婦產科醫生，也正因此，讓我有太多機會在世界各地認識不同的友人。然而，這樣的機會卻總讓我感到自卑，這自卑並非來自專業知識，而是每每交換及不同的文化經驗時，少數識得台灣的友人，也僅知道這個海島擁有七百億的外滙存底而已。

這個殘酷的事實，逼着我不得不慎重的思考：什麼樣的文化，才足以代表台灣？

●

一九八三年間，我結束了在美的醫療工作，

回台全力投注於協和婦幼醫院的經管，由於業務的需要，常有機會到日本去，有一次在橫濱的一家古董店裡，發現了十幾尊傳統布袋戲偶，讓我突然勾起兒時在台南勝利戲院，坐在長排椅的椅背上看內台布袋戲的情景；不久後，在大阪天理大學附設的博物館，看到那尊清乾隆年間的戲神田都元帥以及古色古香的「六角棚」戲台，還有那些皮影、傀儡、木雕、銀器、刺繡與原住民族的工藝品，讓我產生極大的感動，忍不住當場流下眼淚。

我的感動來自於那些代表先民智慧與工藝水平的器物之美；忍不住掉下的眼淚，則是因為這些製作精巧，具有歷史意義又代表傳統文化精華的東西，在這外邦受到最愼重的收藏與保護，但在當時的台灣，除了某些唯利是圖的古董商外，根本乏人理會！

除了感動，同時也讓我感受到日本文化侵略的危機，這種危機感也許可溯自大學三年級的暑假，我參加基督教醫療協會，到信義、仁愛、望洋等山地部落，從事公共衛生的醫療服務時，便深刻體會到日治時期對台灣山地的積極教育，讓日本文化、語言以及民族性都紮下不錯的根基，其深厚的程度甚至令人驚駭，只是當時的情況，個人並無力改變什麼。及至一九八〇年前後，我結束學業，回到台灣後，第一件事便是找到彰化教育學院的郭惠二教授，試圖回到山地經管一個模範村的計劃，結果模範村計劃因故流產，而那次再回山地，讓我不敢置信的是，由於電視進入山區，使得原住民族的文化幾近完全流失，少數保存下來的，卻是日治時期的文化遺產。

這是多麼可怕的文化侵略啊！難道連日本人走了，都還能予取予求地用區區的金錢，換取我們最珍貴的傳統文化？

如此揉合着感動、迷惑又驚駭的心情，讓我在東京坐立難安，隔天，便毫不考慮地到橫濱那家古董店買回店中所有的布袋戲偶，同時又透過種種關係，買回「哈哈笑」劇團最早那個被台灣古董商騙賣到日本的戲棚。

那絕不只是一時的衝動而已，我很清楚地告訴自己，只要在能力範圍之內，將盡可能地尋回這些流落在外的文化財產；這些年來，雖沒有明確的收藏計劃，但只要是有價值的東西，我都不肯放棄，至今，也才稍可談得上規模。

●

嚴格說來，我是個典型受西式教育的人，加上長年在國外的關係，讓我對藝術或者文化，都懷有較深且闊的世界觀。

最早我在英國唸書的時候，便跑遍了歐洲重要的美術館，後來每次出國，只要有機會，決不會錯過任何一個可觀的現代藝術館。

除了參觀與欣賞，我也嚐試着收藏一些美術的東西，收藏的目的，除因個人的喜好，當然也因為美好的藝術品也是不分國界的！

也許有人會認為，在這傳統與現代之間，必有無法調和的衝突之處，我又如何面對呢？其實，我從不認為這兩者之間會有相互矛盾或衝突之處，任何一種藝術品都有其共通之美，而其中蘊含的不同文化特色，正足代表那個民族的特殊之處，傳統的彩繪與現代美術作品，正是兩類截然不同的作品，正因其不同，我們才能在彩繪中，體認先民的精神與生活狀態，它的價值，除了美之外，更在於它所蘊含的特殊文化表徵。當然，時代的快速進步之下，傳統的美術、工藝與文化，面臨了難以持續的大難題，導致這個問題的因素頗多，例如政府政策的不當、教育的偏頗以及社會的畸型發展，讓戰後的台灣人擁有最好的知識教育，卻完全缺乏生活教育，終造成今天這個以金錢論成敗，從不考慮精神生活的社會型態。

過去，也有許多的專家學者，對這個病態的社會提出不少頗有見地的意見，但我一直認為，任何一個正常的社會，必要擁有正常的文化。台灣戰後以來，政府當局全力追求經濟建設的成長，卻不顧文化水平一直在原地踏步，直到近幾年，有關單位似乎也較積極地從事文化建設；只是，當中共的廣東省政府，花了兩億美元整修一座五落大厝，成為一座古色古香的廣東地方博物館時，台灣的左營舊城門才剛剛被毀，半毀的麻豆林家也被拆遷，這樣的文化建設又怎能談得上什麼成績呢？

在這種種難題與僵局之下，要重振傳統文化，重新獲得現代人的肯定，甚至立足在世界的舞台上，就不能光靠政府的政策與態度，而是我們每個人都有責任付出關心與努力，用現代化的方法與現代人的觀點，提昇傳統文化的品質，再締本土文化的光輝。

●

從開始收藏第一尊布袋戲偶起，彷彿便註定我將走上這條寂寞卻不能後悔的文化之路。

過去那麼多年前，只是默默地收藏一些珍貴的文化財產，我當然知道，光如此是不夠的，但直到今天，時機稍稍成熟，才敢進行下一步的計劃。我的計劃，大概可分為三個部份，一是成立出版社，二為創立臺原藝術文化基金會，三則創設臺原傳統戲曲文物館。

臺原出版社成立的目的有二：一是專業台灣風土叢刊的出版，這是一套持續性的計劃，計劃每年分三季出書，每季同時出版五種台灣風土文化的叢書，類別包括：民俗、戲曲、音樂、歷史、工藝、文物、雜俎、原住民族等大類，每本書都將採最精美的設計與印刷，用最通俗的筆法，喚醒正在迷茫與游離中的朋友，讓更多的朋友重新認識本土文化的可貴與迷人之處。我深信，只要持之以恆，所有努力的成績不僅將獲得關愛本土人士的肯定，更將贏得國際間的重視；二為出版基金會的專刊，臺原藝術文化基金會成立之後，將有計劃地整理台灣的傳統藝術之美，諸如戲曲之美、偶戲造型以至於建築、彩繪之美……等等。

至於基金會與博物館的創立，則是我最大的目標，這兩個計劃其實是一體的，博物館只是基金會的附屬單位，主要的功用在於展示基金會所收藏的文物與美術品；至於基金會本身，除了推廣與發展本土文化，定期舉辦各種研習營與表演、演講，更將策劃舉辦各種世界性的文物交流展，目的除了讓國人有機會打開更廣闊的視野外，更重要的是讓本土文化立足在世界的舞台上。

讓本土文化立足在世界的舞台上，不僅是臺原藝術文化基金會與出版社努力的目標，更是每個關愛本土文化人士最大的期望，不是嗎？唯有如此，才能重拾我們失落已久的自尊！

（本文獲選入《一九八九年海峽散文選》）

為文化承傳盡棉薄之力

——《雅美族的社會與風俗》自序

雅美族的社會文化環境，由廣大的海域相隔於文明社會文化，無法得知日新月異的科技文明，使本族的生活習俗滯於半原始的狀況。

然而，本族文化有她的特點，與他族不同，如審美觀念。以獨木舟為例，造型藝術不但吸引人，其下水儀式與在經濟生活中的實際功用，更是雅美社會重要一環，形成獨特的木舟文化，可視為國寶級產物，這是動筆原因之一。另外有許多的本族高中、國中生告訴我說：「我們很想了解自己的文化。」的確，本族的環境裏有許多青少年或因父母早逝而無承傳，對自己的文化一知半解。因為這個緣故，便下定決心要寫它。雖然決定揮筆，但是，想到自己很多的不足，如知識不足，工具、文具的欠缺等等，因而不敢動筆，也深恐寫了它，結不出果來，僅能做為自己欣賞了。不過，想了很久，為了自己的文化給子子孫孫了解，就鼓起勇氣地寫下了它——《雅美族的社會與風俗》。

我所記錄的本族文化，大都是曾親身體驗過，實際做過的。但是有些部份部落文化不太清楚，就得請求當地老人家提供資料來充實自己。每當出去收集資料時，有些老人家不願提供，以另一種話題和我談。這些都使我很失望地回家。去探訪收集的原因，並非是不懂，而是去了解各部落文化的差異因素，是否會產生重大區別，而作為研究文化發展之參考資料。另一方面，藉著參與他們的文化活動，達成共識。

向他人求教學習，於本族生活習慣上，得打小米、做芋糕（Nimay）、煮魚干等等來換取知識。當然是親戚或家族，最佳時間為晚上，人睡安靜。那時，我沒採取這種方式，而是以小飲聚談。每到親戚家，與叔叔、堂哥們聊天，談到婚姻與治病時，聽到許多很有趣的事。例如家族不可外婚只准於內婚是什麼意思？搞不懂。聽堂哥說：「這是為鞏固家族形象。」我只點點頭地牢記腦裏，想著，也許是封建制度吧！

收集文化中，有些部份為了明白了解，必須赴其他部落採訪，透過各大慶典活動，在當地親戚家作客，和其他部落老人家無所不談，從中得到更多資料。雖然，本族習慣上，與大人相談時，年輕人不可以多言，但是為了多知道那裏的生活習慣，便把俗規給忘了，只求更多的了解。

這本書，雖然沒很清楚的分類物質、精神、思想等文化，不過，每一篇文章，都含有這三種文化。如十人船組的生活篇章中，就談到許許多多的祈福、信仰、禁忌等。〈治病的方法〉這一篇更是特別。〈雞在文化慶典中所扮演的角色〉這篇也不例外，內容含求福祈壽等等，密密麻麻述之，於每個角度都以雞求平安。不過，這一篇沒有求魔鬼之儀式。

寫文章的時間，全是利用晚上的十二個小時，下雨天是個最佳時刻。碰到本族慶典活動，白天到處收集資料，晚上要孩關門時刻（為雅美時間六時至七時左右）就開始工作，整理當天所舉行的慶典活動。尤其深更半夜至天亮時，孩子、內人都已經睡着了，比較安靜，揮筆流暢。在燈光下彎腰寫字，背部快成月如鈎了，為了糾正回復原來的形狀，出去外面透透氣，結果所聞到的是一片快樂的氣氛，那裏一團、這裏一家，唱歌、喝酒等等歡樂，如育樂場所。我常問自己：「人家盡情享受人生的快樂，而我呢？卻在受絞盡腦汁的寫作之苦，為什麼？」想到這一點很想不寫了。尤其在飛魚季的時候，人家都帶著自己的流刺網坐船捕魚，而我呢！就像一位女人留在家裏，目送陸陸續續下海捕魚的漁夫。在這種的情況下，要是你是一位雅美男人，不知心中的感受如何？太太常對我說：「明天吃什麼菜？人家『倒掉了』(雅美俗語，其意—男人全部都往海裏捕魚去了）為的是什麼？」我默默無語，不敢回答她。因為想到自己的工作是徘徊在成功與失敗的十字路口。到了白天家家戶戶都有飛魚曬，陣陣南風吹來，搖擺不停地亮相。我走到小巷或街道，不敢抬頭往前走，怕看到人家曬的飛魚，而我家半條都沒有。不但他們有魚曬，且還在涼台上有說有笑，宛如得水的魚，快樂無比。不敢跟他們分享快樂，我能說什麼？最令我嘆氣的是，人家獲得海中最佳的女人魚尹了哥(Ilek，白毛之意)。我是放網好手，但為了寫文章，捕魚工作只好放在一旁，沒時間放網，放網的位置都給別人占去了，白天看到他們曬這種魚，便微笑地對他們說：「這些魚都是從我放網的地方得到的喔！可分一點嗎？」人家也笑著說：「你所做的更好，又更值得。」

太太已經習慣我在好天氣，風平浪靜的時間，不出海捕魚，而在屋內與紙張和筆墨為伍，也不再說些什麼了，只好忍受生活的困苦，一天過一天。有時，累了休息，她看到了對我說：「工作完成了嗎？怎麼休息，快寫字呀！人家有魚曬是他們完成了心願，而你呢？快去完成心願呀！」沒回答她，咬緊牙根地又進屋內工作。有時心情失望，差一點半途而廢，但是，想到自己「雅美族」的文化，已經失傳了一半，趁著老人家還在時，把它記錄成冊，保存留給後代。雖然成功的希望很渺茫，不過，為了遠程目標，一直忍耐七年的光景，不在乎別人有多少魚曬。涼台飲酒歡樂給人家享受，意志堅決要把本族文化一篇一篇地記錄完成。常用這一句「我在做什麼？」來提醒自己，完成大業。

這本書所寫的內容，有些文化過程於各部落不同，不過，這些差異，僅是大同小異。最顯著的是飛魚季節之慶典活動，亦有些稍微偏差或遺漏，但是，完全都是依據提供人的口述資料及作者所得而寫，不足之處，但願族人給予更多的賜教與諒解。

在收集文化資料過程中，從一些老人家口述中有個別不同的說法，也許是家族背景及斷層的緣故，而變為不同的意義。在選擇報導人對象時，我要很清楚的了解，這些老人家的家族背景及年代是否傳承良好。所謂的傳承良好，就是他父親在世之前，是否自父親處了解一系列的文化傳承。若非這樣的老人家，即使他口述頭頭是道，我不會採納，因他的口供資料是從家族外聽聞得來的，恐有不確實之處。如婚姻文化制度，找上在雅美族社會身份低的，他不好意思說內婚制的細節，因為內婚制只有在名望、地位高的人家圈子裏運行(Miciyamaina-kem高地位之意)。最危險的是，老人家為了要錢，而吐出一大堆未經思考的文化資訊，使資料完全走樣。這些我所接觸的人家，我都要了解他們的父系世系群的背景與生活習慣，盡量避免接觸錯誤的資料。

這本書內容粗淺不足，沒有充份表達文藝色彩，無法滿足讀者們的心願，不過，它表現出雅美古文化的風味，以及文化價值、真情的流露、人生的面面觀與本族的社會型態等。亦希望給各位讀者了解雅美族神秘的海洋文化。

《雅美族的社會與風俗》一書總算完成了，有點成果。因為學識有限及工具不足，期待修訂充實之處仍多，還盼讀者們惠予關懷指教。

這本書能順利完成出版，得要感謝臺原出版社的朋友們，熱心幫忙出版事宜，並由他們主動提出申請獲得順益台灣原住民博物館的獎助，我還要感謝各部落的長輩，願意提供文化資料及地方人士的支持與鼓勵，以及台灣世界展望會之恩惠，與蘭恩服務協會之關懷，各界人士朋友們之愛護。更盼望這本書的出版，能對本族文化有所貢獻。

雅美族的社會與風俗

夏本奇伯愛雅（周宗經）／著

第四章　雅美族的風土與藝術

附錄：

1 / 雅美族的住屋形式與環境

第一節　居住的形式、種類與用途

雅美族居住在四面環海的小島，每年飽受颱風侵襲，且族人重視風水文化，種種因素使然，雅美族的居住方式，有別於其他民族。

雅美族居住在四面環海的一個小島，位於颱風必經之航線上，因此每年飽受颱風侵襲的迫害，使本族的居住方式為建於地面防颱形式，除這以外，雅美人還重視風水文化，不可住在風水區造成人員繁衍受阻。由於這兩種因素，使雅美族的居住方式別於其他民族。

原始的居住形式

據說，遠古以前的雅美人，最初搭蓋的房屋是縱式形態，如現代船埠Kamalig似的，一棟可以容納四、五十個人。他們煮飯的位置靠最後方，三分之一的旁邊設置食具，門口部份的三分之一放置工具、武器等，中央部份放些睡覺可用樹葉。最老人家「祖父級」以上睡在左後方靠煮東西的地方，中央部份為孩子們或婦女們，前方為壯丁的男人守候，如果他們在這地方住了很久就遷居。房屋每年都要加蓋一層茅草。一個大團體是比鄰而建，形成一個大部落的團體。但是，他們在那地方生物吃光了，就遷離那部落，也棄房屋到新的地方去住。所使用的材料有竹子、木頭、茅草、藤等其他。他們找到了正式定居的地方以後，才正式興建像現在的雅美房屋，而慢慢改進樣式或增加其他住屋。

住屋的種類與用途

本族的房屋有四種等級，附設兩棟「工作房、涼台」等。

四等級的房屋

本族稱幼房(Palalawan)，這種房子是用來生產及治病的住處，如女人生產時，務必到這家辟邪。另外家中有重病者，務必搬來這房子治療，也就是辟邪處。

三等級的房屋

本族稱二門房(Valag)，這種房子通常是兩個門，也有一個門。二門房是新結婚的青年男女的第一個房子，也有不爭氣的人從小到老一直住在這種房子。另外一門房是單身漢之棲身處，如一直娶不到老婆他永遠住這種房。

二等級的房屋

本族稱三門房(Atlososesdepan)，這種房屋一般人都可以住，但不可以在這房子舉行十

●原始產房。

人船組的飛魚祭。雅美話「Jimanlagso among no reyon do atlo so sesdepan」表示有的人不想上進，他們就永遠住這等級的房屋。

一等級的房屋

本族稱四門房(Pazakowan)，這種房屋視為最高等的住屋，十人船組可以在這房子舉行飛魚慶典及做為會議室。上進的人永遠住這種房屋，直到老死。另外工作房有兩種，一種叫馬卡日昂(Makarang)，另一種是洒拉(Saza)，這兩種工作房用途一樣，如加工材料、編製禮帽、戰甲、製陶、冶鐵、金、銀、製作魚網、織布、招待客人、集會、育樂等等其他活動，莫不是在這工作房。涼台(Tagakal)，它是供人來乘涼的地方，製網、編籃、做小工等都可以在此，地下可以飼養或貯存茅草、放置樹根(Onoman)、製陶、冶鐵、金、銀等工作。

第二節　家屋的建造

一捆捆曬乾的茅草，
是用來蓋屋頂的，
但是擔心被風掀開，
於是砍下粗重的竹子，
搭成高架壓住茅草，
天氣晴朗，
親朋好友互相來幫忙，
雅美人蓋房子，
是不用請工人的。

幼房(Palalawan)

雅美族幼房的造法，首先選擇土地(Sako)，有了地方，就開始把那塊地挖平整理好。那土地務必是父系世系群所有，叫Sakodoinapo，不可以占人家的土地。這是生產用之房屋，如是治病用之屋，則另選野地。地基挖平後，上山去砍材料包括十根柱子、一根樑骨、五根粗竹子、一大把小竹子及蘆葦、十幾條藤、二十多把的茅草等。這些材料都到齊了，便開始豎立柱子，然後搭上樑骨及橫架，做好就配上縱式屋架，最後搭上小竹子，房屋的型態就成了。如果是兩個人做，很快地造好，一個人則需要一天的功夫才完成。房子的模型造完，接下是用茅草蓋著。這種房子大概最多五層茅草，每一層須兩三把茅草。做法先把茅草平均地擺平，之後用竹子或蘆葦壓住，然後用修好的藤子（Wakay洼蓋）以活結綁緊。茅草蓋好後，屋簷用刀削平。最後的工作是疊石牆、挖水溝，然後用石頭造成，石階也一樣，至做完整個小屋為止。

●雅美族幼房。

二門房（Valag）

二門房做法相同，不同處是它有兩個門，而且形式較寬大，又多取一些材料，如柱子十六根，茅草五、六十把，竹子與蘆葦也多些，造屋之時間，大概要五、六天才能完成。以上兩種房子造好之後，進屋時，要選擇吉祥日，如Samorang（雅美族日曆第一天）、Matazing（第八天）、Manmasavonot（第二十八天）、Tazanganay（第十三天），這些對房子有利的日子，自行選擇。進屋那天時間，一定是日出時刻，早餐食物，務必是捲肉片（Taroi，豬肉乾）為行祭，行祭說：「Angay kamoapey ori a Pakapintken nyo yamen do vayo a menlogodan oya」，意思是說，弄一點肉片丟去外面，魔鬼不但會接得住，且它們會把牠變成大塊的豬肉，甚至是一隻豬，讓其他魔鬼分享。在這一天不可以做禁忌的事，以免招來惡運，好好待在家享受新屋的快樂氣氛。

三門房（Atlososedepan）

雅美人要興建三門房，必須有長遠計劃，他們會按照計劃步驟，一步一步地去完成每項工作。在工作當中，務必重視精神文化之配襯，不可違犯，一直到落成典禮完畢為止。這種做法，完全是追求美好的一面而行，使得工作具成就感。

興建三門房的過程與原因是這樣的，當一個家庭覺得孩子多了，沒有地方睡，兩夫婦就要商量蓋三門的房屋。另外三門房的興建能使這個家庭在雅美社會文化含階級性的結構中更上一層。兩夫婦認同興建三門房，前者的動機為謙虛，後者的動機為上進性質，兩者有不同意義。不管怎樣，兩種方式雅美人隨意選擇，大部份都採後者為多。

兩夫婦認同後，就開始進行第一年的工作，如開拓芋頭園地與水道、上山砍木材、飼養豬、羊等。做法：如家中有豬生小豬，把小母豬吃掉，留下來全是小公豬，殖卵割去後，好好飼養。女人在這一年把所有的芋田內芋頭除舊換新。男人除了上山砍材以外，還很努力地開水田，他白天工作，雖然非常辛苦，但在晚上還去捕魚，僅睡四個小時而已。男人最苦的工作為挖土整地叫Mikali，有時為了趕工，雅美時間嬰兒關門，七點時刻才回家，有時在工寮裏過一夜，第二天下午才回家。在這一年內，要把第一年計劃工作完成，到了第二年，又進行下個步驟（如Mapapowapo do raraingan的人，意思是說：「繼承父之財產，什麼都沒有得，重新做起」。）到森林地伐木取材。伐木不是順風而行地那麼容易，砍倒小樹是可以一人應付，但是，砍倒巨大樹木就難了，雅美族的規定，砍樹一定要它向南或東倒，其他方向都不可以。如樹倒在北方，就離去，另找樹木。（意思：東、南方吉祥，北、西方吉少凶多不吉祥。）倒地的大樹，要它按照自己意思歸順，不是那麼容易，非得攪盡腦汁，才可以刨成材料。當第一塊木板到家，就把它「橫立放」（Sopiten）蹲著，別人看到，就知道該家有計劃性地興建房子，於是看到有大工程要做時，大家都來幫忙他，尤其刨木最需要幫忙。大型地刨木，如取樑木（Sapawan no vanay）、屋面板（Pongapong no vahay）、置物板

●男人最苦的工作為挖土整地。

(Pasapatan)、吐唊板(Cicipan)等，取這些材料就有很多人來幫忙。第二年的工作做完後，便迎接第三年的工作了。這時，女人非常辛苦，因為芋頭都已長大了，需要細心的管理，男人繼續往森林中伐木，也不定期的看顧水道及新開墾的田園(Nipaovang)。在第三年所取的木料是屋柱(Ainovanay)，在這一年當中一定要把「木料」完成取回到家，有個最特別的木料叫「都目哥」(Tomok中央柱，為雅美族不動產之一)，這份工作有許多村人包括親朋好友來幫忙取回，取回日子選定吉祥日，那天主人一定殺豬辟邪。「都目哥」到家後，主人取出寶貴的黃金來祝賀。如有繼承「都目哥」財產，主人就不必上山取。全部木料都要日晒，以防蟲蛀。到了第四年的夏天就開始動土。

到了第四年比比拉比拉的月份(Pipilapila)為國曆五月份，就開始拆掉舊的房子，之後就開始挖地基。這時，會有人來幫忙搬土，主人按照取來的木料訂定面積的大小。地基挖好後，接下來挖水溝。整個地面上的工作完成之後，就開始做立柱的工作，這份工作主人一定要殺豬或羊來招待幫忙的人，也一樣選吉祥日才能施工。在還沒有立柱工作之前，主人已經準備好招待工人的食物，如地瓜、山芋等等，如有羊也要準備了。要殺豬，開工的前一天就準備完善。一切具備的條件都齊全了，只待吉祥日的來到。當天的早晨，主人不管有沒有人來幫忙，就在那時殺羊或豬，這時，親戚已來幫助處理。女人也開始做招待工人的食物，親戚們也來幫忙她。幫忙的人到達主人家時，就自動地工作，挖坑豎立屋柱。工人當中有一個人指導工作的進行，當然不外乎是血親。屋柱立好後，用繩來量距離的寬度，在沒有文明的工具時，只好用長竹、繩子當老師，能告訴「工人」不是之處。之後用粗竹子固定屋柱，然後鋸掉屋柱多餘的部份，大家合力協助，很快地把屋柱立好，如果吃飯的時間還沒到，工人還是繼續做上樑的工作。這時，有的穿洞，有的用繩綁或釘木釘，很快地把房子的模型搭好了。在工作分配時，老人家擔任處理豬或羊的分解工作，年輕力壯者，搬屋柱及挖坑等，生吃的肉分配好後，大家停工領自己的份，且送

●製木器。

●雅美男子劈柴。

回家給自己的太太及孩子們分享。婦女們處理食物後，便通知工人休息用餐。這時，來幫忙做工的人回到自己的家拿木盆來盛地瓜、山芋等。主人把他們分配成一組一組，就位後，開始用餐。主人伺候來幫忙的「工人」，有什麼吩咐，就去慰勞。一組人大概吃一點飯，就將一大盆的食物分配，然後將自己的份送回家去。吃過中餐之後，工人有的可以不來，視個人的意思，主人不會強迫的，有的還會來做其他小工，直到餵豬時間（雅美時間）才回家。之後的工作全由主人做，如上屋頂架叫Mipakaw，疊石牆、搭木架等等工作。屋頂架做完後，主人又準備食物來招待蓋茅草的工人，有家畜者，也是一樣準備豬、羊等。這份工作可以不選定吉祥日，只要招待的食物足夠就可以進行。預定的日子到後，同樣地，不管有沒有人來幫忙，照著計劃煮食物，殺豬、羊等。村子裏的人看到或知道，就自動到主人家報到。大多數的人都到齊之後，分配人數。其中如有老人家參加，就給他們做切肉的工作，不要讓他們上山辛苦地拔茅草。還沒上山之前，先取一點畜肉行祭說：「Angay kamo ahapey ori a, Pakoyaten nyo yaken a pasapasan nyo piparanan ko」其意思說：「畜肉拿去吧，希望你們（魔鬼）幫我的忙，在山野裏也照顧我。」

雖然這是安慰自己的一種俗語，不過，雅美人很重視精神文化。來幫忙的人知道應該要拔幾捆茅草，隨個人去的地方拔茅草。大家回來後，就自動地進行蓋茅草工作，有的人做前面，也有的人做後面，其他的人遞茅草與竹子等等，大家分工合作，不到幾個小時，便把一個房子蓋好了。做這份工作，幫忙者，大家有認同感，在還沒有蓋完房子，不可以吃中餐，如此，才對主人有所交待。等房子蓋好後，回家洗澡，且拿個木盆到主人家準備用餐。同樣地，大家到齊，分配成一組一組，之後就開動。每人沒吃多少，每一組就分配食物，把自己的份帶回家去給太太、孩子們，回去之前向主人說聲謝謝就走。到了下午他們可以不來了，僅有血親關係的人還來做點瑣事。之後的工作是繼續疊石牆、釘床板（Ratay），釘板縫面要密，也上木釘。前床板(Mavak)做好後，做中央床(Vahay)，做法也一樣。之後的工作是上「都目哥」(Tomok，中央柱)，上它須要配合吉祥日。在工作中，也有人來幫忙釘板，但是人不多。接下來是做釘吐啖板(Cicipan)前後兩道，因為這板子很長，一個人無法操作，親戚知道他上這種板，就會來幫忙。如果床板釘好後，選吉祥日舉行進屋儀式，叫Somdep do vahay。儀式的祭品選幾片豬肉乾，配著芋頭小吃。行祭不可以在中午或下午的時間舉行，最佳是日出後的片刻早晨，Aonidadanoaraw之後，接下來的工作是上牆壁板、門牆板…等，上這板也有人來幫忙。房子還沒完成之前，女人隨時隨地都要準備招待來幫忙者之食物，以便備用。牆壁板(Palasiyasen)做完後，接下來的工作是做置物平板(Pasapatan)、橫骨板(Miposoosok)、貯藏室(Vinahay，複名Ciniyaciyang)等，這工作還會有人來幫忙設計釘好。這時候，開始疊靠近木牆板的石牆，通常做這工作是雨天最佳，使石牆牢固不易垮下。最後的工程是造烘物架(Pala)，這份工作不是一般人都可以做，只有上了年紀的老人才可以做。這時，主人會邀請家族的長輩來做。年輕人做這工作，會縮短生命，誰願意如此惡運，因而不敢做。最後的瑣事，由主人按自己的意思去做。三門房就此完成了，最後屋外石牆有空再慢慢去完成。

四門房(Pazakowan)

雅美四門房為最高貴的住屋，雅美人興建房屋層次最高為四門房，複名Apatsopangeneban a vahay，為了提高自己社會名聲，得要興建四門房，尤其上了年紀的人。四門房的興建不是任何人可以做得到的，正規的說法，它必備許多條件，如取棟樑材料務必殺豬，取中央柱(Tomok)、橫壁板(Pongapong)、橫靠板(Tangbad)、挖基地(Mikali)、開地挖土(Misako)，也都要殺豬，抓羊(Mangangagling)，也是要殺羊，挖芋頭(Mangap so ora)也是要殺羊、豬，客人來了Yakannopinaranes也要殺豬。除了落成用的豬以外，一個家庭能養多少條豬？因而嚴格說，一般人是做不到的，進此光榮門的人，幾乎都是很有財勢者，至於那些能建四門房者，雖然很多，不過，條件都不足。得於興建者，為的是爭名利，提高身價，過最高一關的社會層次觀念。

四門房興建，大致與三門房相同，過程、順序、方式沒有兩樣。不同處，僅是材料量多、大、長而已，另外室內(Dovahay)多一室Ciniyaciyang，工作進行方式一樣。

建屋使用的材料

在三百多種蘭嶼森林中的樹木，不是全部都可以用來蓋房子。雅美人是經過幾百年的歷史，選擇森林中可使用的樹，至今才有這些樹作為蓋房子的材料。

各部位用的樹種

使用的樹種：一、屋柱 Ainovahay 是①Aninibzaon，②Mozngi，③Ariyaw，④Ciyai，⑤Pangoon，⑥Potaw等。二、棟樑Sapawan是①Ciyal，②Pangohon等。三、床板Ratay是①Ciyai，②Pangohon，③Cipoho，④Kolioan，⑤Aanongo，⑥Mazapdo，⑦Ma-zaciyai等。四、直橫骨架Piposoken-mibatbat是①Mazaozis，②Pango-on，③Ciyai，④Kamala等。五、牆板與屋頂Pakaw、Palasiyasen是①Pangohon，②Cipoho，③Mazaciyai，④Kolioon，⑤Mavsacil，⑥Mazapdo，⑦Anongo，⑧Varok，⑨Ciyai，⑩Savilog等。六、吐啖板Cicipan是①Ciyai，

●雅美人用來建屋的茅草。

②Pangohon等。七、中央柱Tomok是Ciyai等。八、屋頂架Pakaw是竹子Kawalan等。九、壓茅草Pangatat是①竹子Kawalan，②蘆葦Sinas等。十、蓋屋子Atep是茅草Vocid等。十一、來用藤Ipiyakeyalked是①水藤Vazit，②Wakay，③Vaeng等。當這些材料取回來時，為了防止蛀蟲，就把它浸在水裏，使用時才取出來。有的木料到家時，先加工修平或做雕刻等工作。

房屋的維修

雅美人如果看到屋頂上的茅草太舊爛了，就計劃重新蓋，尤其新屋比較常換。做法是這樣的，首先上山拔茅草放在那兒曬乾，一個禮拜後，將這些茅草翻過來曬，再一個禮拜就把它綁成一捆一捆，然後搬運。搬運的方法有兩種，一種是幾捆捆綁在一起背著回家，另一種是用船運。在不靠海邊的地方，採前者；靠海邊採後者又省力，搬運的量較多。茅草到家就貯存起來。數量到齊後，就上山採藤（Wakay），然後在家加工修成可用的材料。二十條一捆日曬、使用之藤齊全了，又上山砍竹子，粗的要三根，如果是短的，就須六根，細竹子兩大把或三大把。如果沒有竹子，就以蘆葦代替，也一樣兩三大把，材料齊全後，女人就開始到地瓜園挖地瓜，預備給來幫忙的人吃。用茅草加一層蓋房子，不需要選訂吉祥日。材料齊全後，天氣一好就可以工作維修房子，如果有家畜，他們可殺豬或羊來招待自己的工人。雅美人做大工是不請工人，而是有愛心幫助的人自動參與，因為這種愛心助人是雅美社會文化的大動脈。好天氣一到，親戚、朋友得知後，一大早就去主人家開始工作。做法：屋簷的第一節是用倒式的叫Pasongipen，然後一節一節地完成。一棟房子，如寬大一節可容納五、六把茅草，普通體積僅四、五捆即可。如果來幫忙的人多，老人家可以在涼台休息，偶而做遞材料的工作，另一部份人做後面，使工作很快地完成。做到屋脊部份，要放多把的茅草密集不漏縫。這時，自己認為無法勝任綁屋脊茅草工作，就自動退下，做這工作要有力量，且要快，慢了再怎麼串藤是沒辦法的，會影響工程。做好

●雅美族的屋頂是茅草蓋的。

後工人們就去洗澡，回家拿盆子裝飯。吃飽後，自己的份帶回家給太太孩子們分享，以後的工作由主人整理。

雅美族的房子，屋頂是茅草蓋的，容易被風掀開，於是他們砍粗的竹子搭成架子壓住茅草，使它安定不被風吹走。夏天時，把這架子抬高蹲著，有風時，就壓住，颱風來加以栓緊或石頭壓住。這些維護材料壞了或爛了，又重新做，如此輪番地做，使房子安然無損。

第三節　家屋落成祭儀

雅美人為家屋的落成舉行祭儀。
選擇吉祥日舉行採芋儀式，
並邀集村中男丁進行抓豬活動，
盛裝與會的主、客人輪流獻唱，
唱出日夜辛勤的收穫歌，
唱著吉祥、讚頌歌。
獻唱儀式表現個人智慧，
並顯示階級地位的區別，
順利與否更關係主人家禍福。

雅美人舉行房屋落成典禮，只在三門房及四門房完成，而二門房及一門房不舉行慶典。當房屋完成之後，主人與太太商量採收芋頭事宜，決定之後，吉祥日到了就舉行「採芋儀式」(Miniyaniyaw)。過程是這樣的：那天一大早吃過早餐後，穿起禮服、銀盔、銀環、佩刀，女人除了穿禮服以外，脚環、手環、掛珠、木帽(Ranfat)等都要帶上籃子，禮棍(Vavagot)也是。裝備齊全之後，就從家庭出發，女人在先男人在後，途中不可以東張西望，否則，如神仙他們跌進人糞，不是好過。到達芋田，便唸出福經及辟邪的話，之後，就開始工作挖芋頭。服裝脫下，女人下田，男人處理芋頭，一直到下午為止，才收工。第二天，女人就開始邀請其他的女人來幫忙採芋頭，被邀請的人也一樣穿禮服到主人家集合。大家到齊之後，就動身上芋田去，穿禮服走上不平的石頭山徑，珠寶相碰的聲音如打鼓似地響，大排長龍地走向綠油油的芋田。他們到達芋田，換上工作服，然後女主人拿一片豬肉乾(Taroi)盛在盆子裏，到偏僻地方放著唸經說：「Angay kamo

●被邀請採芋之婦女，裝扮自己到主人家集合。

apey oya a, mangay nyo ronowan ta no marateng rana am, mitavatavak kamo」意思說：「拿去吧！願你們（魔鬼）賜予恩惠，使得收穫豐盛，以後你們（魔鬼）會得到不少禮物。」唸完後離去。女人下田前先拍手掌，意思是驅除芋田內之邪靈，之後下田開始工作。芋頭採完後，大家分工合作，有的搬芋頭，有的洗乾淨，有的將好的分類成有柄與無柄的芋頭，主人分配給每位一根有柄及三個無柄的芋頭，大家得到後放在自己的行李保管。之後，開始在籃子裏裝芋頭，每個人都帶一個籃子背回家。洗芋頭的地方都要安插蘆葦莖驅魔，之後大家一路回家。芋頭到家，主人將無柄芋頭(Ningan)一個一個地排整齊，有柄芋頭(Miyopi)也是一樣，放置的地方也要用十字號(Singah)插在每個角落來驅魔。幫忙者吃過中餐後，下午又要上山採芋頭，一直到黃昏為止，採芋工作一直到將芋頭採完為止。最後那天晚上主人就開始清點要請的客人，這時，也選定一位擔任這份邀請工作者來參與安排。抓豬那天，女人上山挖大量地瓜準備給客人吃兩天。

到了下午，村子男丁到主人家去抓豬，抓好的豬放在圍好的豬圈內。第二天，擔任邀請工作者穿起禮服到主人家去聽主人的指示，邀請者走到別的部落，不可以踏上不被邀請的家境，對人談話要交待清楚，不可含糊不清，以免誤會。被邀請人家，一定送禮，最理想的是：小米、魚干、水果等。回來時，把禮物拿到主人家去，然後分配。客人來的那一天，如果主人殺豬，就在那天殺了之後分配去煮。那天血親、旁親方面都要穿禮裝向主人道謝收穫成果，並先唱出讚美歌，叫Isarayoniakawan。

到了中午，村子裏的男人拿盒子前往主人家幫忙搬出芋頭。芋頭多的人家，除了將房屋前室的四周圍蓋滿芋頭之外，屋頂，工作房也都覆蓋芋頭，並且懸掛特大號的芋頭(Manzangkay)。這時候，主人三年內辛苦得來的收穫，全都搬出來展示亮相，如小米、老藤、魚干、大魚頭尾、甘蔗、香蕉、南瓜等等。有的老人家，看到自己的成果輝煌，就唱出日夜辛勤的收穫歌，平輩的老人家也覆唱著讚頌歌。之後，所屬親戚回家換禮裝，準備迎接來客。

●雅美族迎賓之吻禮儀式。

客人還沒有來到之前，主人親戚、朋友都先穿禮服到主人家等候客人來。客人來時，主人就站起來迎接他們，雅美族迎賓方式是面對面相吻，但不接觸。禮儀是主人與貴賓掀開銀盔，然後相吻，一個接一個地，相吻完後的客人到另一邊站著，不可以坐下來。主客全部行禮完畢之後，主人就獻唱迎賓歌，內容視其主人的用詞，有的取父系傳下來的歌曲，有的自己編來的，意思有的很高，也有很謙虛，唱完後，就宣佈客人坐下來，他安排了木板可以坐。還沒有獻唱的客人不可以將銀盔脫下，這是本族人慶典中禮節之一，最先獻唱的是客人中最長老的，然後按年齡順序一個接一個，每當一位客人唱完歌後，主人要覆唱。獻唱與覆唱的詞是個人自己當時編來的，至於歌的好、壞完全在於自己的智慧而定。覆唱並非是一般人能勝任的事，用錯詞曲一笑不止，另外是中傷對方的自尊。獻唱者也要了解主人的身份與經歷，如歌詞太高，中傷主人的身份，但如老人家是可以的。較年輕的「主人」不能承受高歌，太低了未免降低人格，所以獻唱看輩分是很重要的知識。如果獻唱的客人還沒全部唱完而時間到了，就宣佈停止，開始用餐。到了晚上，他們才繼續為主人獻唱。客人用晚餐，主人都有分配負責這工作的人，使在慶典中進行的事，很順利的一項一項完成。黃昏與晚上來的客人，主人都準備好他們的用餐，不怕沒飯吃。吃過晚餐後，主人就帶領客人講解三年來的收穫，如芋頭、豬、羊以及展示各項物品，使客人很清楚地了解主人的成就。客人在講解中得知主人非常成功，就把事情記在心裏，等待晚上為主人高歌一曲。主人講解完畢後回到休息室與客人閒聊工作中之插曲，會談中有說有笑使主人很快樂滿意。到了晚上，雅美人時間表嬰孩家關門時候，主人就開始坐在唱歌的位置上，從七點到十二點是本村男人與主人對唱的時間，叫Mipazek。這種獻唱儀式對興建四門房者是非常重要的一節，這個儀式過程不很順利達成時，會影響主人的全家福被破壞，所以他們舉行儀式得小心翼翼。時間一到，陸陸續續地村子男人帶著半椰子殼(Tataoi)與佩刀(Pazazoway)來到主人家，進到屋內就到中央柱後面用佩刀尖端往水罐(Peraranom)內取聖水滴在自己的椰子殼內，只取一次，不可多取，然後坐在旁邊。那聖罐子放些小米和水附唸經後，變成聖水，任何人不可以觸碰它。在這時，主人舉行掛寶祭叫Mapazaka，孩子中選男重視的，來上掛，表示最重財產留給他。村子男人大家到齊之後，最老的且會唱吉祥歌的，就開始唱，他唱一句，其他人也跟唱一句，唱完後，主人就覆唱一首歌。參加這種儀式的人，是沒有祖父或父親者，原因是儀式意義是祭祖的。之後，他們輪流地唱。參加者不一定每個人都要唱歌，僅是較長老的，他們唱完後，大家出去將取來的聖水帶回家放在偏僻的地方。這時候，換客人進屋子裏準備再為主人獻唱讚美歌。客人大多數到齊了，就開始講解蓋房子的原因及計劃進行中的得失，以及成果等，可說是一篇感人的故事。之後，主人先唱出個人第一次的經歷，客人也跟著在後唱。接下的是，當天下午還沒唱的客人為主人獻唱，這些客人唱完後，就開始第二次為主人獻唱。這時，可以不按年齡順序唱，自動引唱。在這時候，主人除了答覆客人外，還唱出個人工作中的遭遇或得失。到了傍晚時，主人就拿出點心給客人吃。大概休息半個小時或一個小時，如煮好飯的時刻，雅美時間表，為一個小時，在外休息的客人又進屋內，開始唱歌。這段時間至天亮，客人隨自己的意願唱出其他的歌詞，只要不得罪別人即可，主人也是唱出自己工作中比較有意義的事。到了天亮，更刺激地唱出不凡之歌，主人也唱出最重要的歌。

到了早晨，主人請客人吃早餐，之後，「主人」贈芋禮Pinatodan予客人和部落人。芋禮是三株芋頭，這是禮肉的根據，村子裏的男人，這時，他們到主人家去做分配禮芋的工作，每個人拿一個木盆裝芋頭。分配禮芋(Minmo)工作，工作者得聽主人的指示而行，不得隨心所欲。工作者內其中有一個負責清點禮芋，用「小石子計算」(Mivato)，分配完後不論客人或村子人開始裝自己的禮芋帶回家。村人壯丁的男子到豬圈(Amaot)準備抓豬，抓豬是慶典活動中的焦點，也是客人放大眼睛的時刻，來到一個部落，雖然吃不飽，但要一飽眼福，於是有很多客人都要去圍觀抓豬。相當好身手的壯丁，手一伸出去，豬被他擒住就沒得逃掉之餘地。客人看了在後說：「讚！讚！讚！」相反地，勇氣不足的，豬一抓，被牠一踢就倒下，很不好看，自己也沒面子。豬抓好後，主人選定一條大的，作為他的特別禮。豬殺時，擔任握豬嘴者，務必握力相當強，否則，被人一笑不止。殺好後，用火燒。燒豬也是一門知識，不懂的，燒的豬破裂不堪。半分燒好的豬，刺背部、腿部等，使牠不會破裂。燒好的豬交給解體好手，經驗好者不到幾分鐘，就可將一條大豬四分五裂地解開來。這時，村子的男人都帶刀到主人家做「切肉工作」，主人也選定一位好手擔任切肉工作(Mangagay)，有的分配生吃的肉(Mataen)。抓豬者各得一隻豬腳，生吃的肉分配好後，村子的分在另一邊，每戶各拿一份，客人另在一板內，也各人拿一份。他們「客人」吃生肉(Mangnata)時，主人端上一大盆的地瓜或芋頭配生肉吃。村人得到「馬打按」(生肉)時，也幫主人拿豬肉(Asoyan)回家煮。村子裏的青少年，他們負責處理豬腸

(Manostos)到海邊清洗。到了快上正中時間，雅美時間表，十一時左右，主人將煮好背脊肉切成小片，然後通知那天下午的來客，有帶黃金和銀盔的來吃，以表示答謝他們「客人」禮儀，這叫Pinasisibo。之後的工作是分配禮肉，負責這份工作的，全由表、堂兄弟及親家那一邊的人，大家合力把工作做完，有的切肉，有的分配，有的做清點等工作。禮肉是有區別的，頭號的視為父母兄弟姊妹及舅父母、姑丈、阿姨、姪兒等。次要的，視為表、堂兄弟姊妹、朋友等，旁親(Icyarowanovanay)也視同。中號的，視為本村長輩、平輩及來客的長老。小號一般通稱視為本村小輩及寡婦等。負責切肉的，他們按照階層來切之大、小的肉。分配豬肉完畢後，全部工作人員出去，僅有主人選定隨身侍候者在旁等待主人吩咐。視為頭號部份的禮肉，全是血親、親家那一邊及親家一邊。豬頭（Choona）、腿（Apana）、內骨(Apiyanaveke maraetnaveke)，均是上等禮肉。次要部份是三指頭寬的五花肉，如肉充足，豬腿也可列入。中號部份的是不超過三指頭寬的五花肉，但肉多則不在此限。小號的是除了豬的各部位不加其他肉。同樣的，豬、羊多則不在此限。主人將這些肉分好後，就開始送禮肉給客人，如果有展示魚干，也一樣與禮肉送上。禮肉最先給的是頭號的親戚，第二是住最遠地方的客人，之後按遠近住的客人送禮肉，最後是自己的村人。分送於村人禮肉時，最先是堂、表兄弟姊妹，其次朋友，再來是長輩，以後按輩份順序。送禮肉中，親戚內如有以芋頭協助主人時，視其多寡決定禮肉之大小。最多是豬的一邊，最少是手掌寬之大小的五花肉。另外最特別的是送一隻或二隻羊叫Ipanfalak。接受禮肉時，要說感謝詞，說：「Aayoi tahaman ko do kapiyan no Viniyai nyo」意思說：「謝謝！你們的禮肉。」不管你是何等人物，必須這樣說。

主人將禮肉送完後，接下的工作是再邀請本村較為要好的人，當然朋友、親戚也不例外。這叫Manaid so mataid jira。被請的人一定帶刀子到主人家來切肉。大家到了就開始工作，該切的切，該曬的曬，該綁的綁，大家分工合作，很快地處理完所剩餘的豬肉。這時，能得到的是生吃肉及一片五花肉。回家時每個人都拿晚上分得的肉叫Asoyan，到家後洗一洗擱在那兒待晚上煮。這份工作完畢後，女主人又要通知曾經幫忙採芋頭的婦人來，將剩餘的芋頭分配，每人得一份附加一份禮肉。這時，肉都曬好了，客人也都走了，剩下留在家裏的是雜七雜八的東西，撒在地上。房屋的落成就此告一段落。辛苦兩天兩夜沒睡，沒休息的主人就呼呼大睡了。

過了一段時間，主人為新房子落成而捕魚，一定要的是好魚，不可以得劣等的魚。大約一個禮拜以後，又為新屋出外拜訪，當然不外乎是親戚為對象，行李要很豐富。這叫Ipan-fanaovayo a vahay，這些是新屋最後的小慶儀式。

建屋的禁忌

興建房子中，如果上山取木料時，爆破或噴水氣(Mamsot)就不可拿了。取中央柱(Tomok)時，倒向北方，也不可以取。棟樑、

●庭院前之三立石。

吐啖板等這些重要木料也是一樣。意思是說：取的木料往南倒，一家人的命運如日出從東方冉冉而升般地順行，卻不後退。相反地，取了不順木料，即會遭致家破人亡之惡運。建地方面，四門房不可以建在風水地區及他人地上。風水地本族人的觀念上視為禁忌。雅美人俗語：「Omivahay domakacicizi am, manalo so tao na」，其意思是說：「住在風水地上者，必遭滅口之惡運。」房屋方向方面，不管興建的是什麼房，務必面向東南方為最佳，絕不可以面朝南方，更不能是西北方，其意思同上相同，東南方是日出的一方，是吉祥運，西方是落日的一方，是凶災運。雅美人最怕走盡頭路，最喜歡走無盡頭路的命運。落成慶典用的豬，主人最怕被選定的豬突然死去，所以在栓牲時要小心。同樣的，還有一些行為會招致災厄。興建二門房（Valag），上山取材，不可以喊唱Mivaci，因為這房子完成後，不舉行盛大的落成典禮，魔鬼會因得不到什麼食物而加害於你。另外森林取材，人家選定而加以附詛咒物Nitarokan（用木頭做成十字型，插在樹根旁作記號）的樹，不可以砍來作材料。新房屋，不可以拿禁忌的東西到家，以及口出惡語。成果的輝煌，不可以宣揚，以免招致樂極生悲。以上是興建四門房務必注意的事項。

新屋之祭物

從三至四門房樑上務必綁上小米祭Tavtavak（祭物之一，有迎福的意思），還有榕樹枝葉。這是表示，新房子帶來成員伸展廣而不滅。另外伐木時，便當是豬肉，吃中餐，務必弄一點盛在姑婆芋的葉子，放在偏僻處說：「這是你（魔鬼）的午餐，希望你（魔鬼）幫我的忙，使工作輕鬆順利，落成時，也有你的禮肉。」肉片是祭品，採芋也是一樣用肉片當祭品，新屋初訪以小米做祭品。雅美人興建一棟房子，非是單純的建屋工作，還附帶以上的精神文化，使得參與者小心翼翼行事。

第四節 興築工作房

興建工作房所使用的木料，
都是上等的樹材，
這些材料相互搭配，
才能造出一棟完美無缺的工作房。
在此工作休憩、娛樂，
是雅美人物質、精神的重心。

工作房Saza在本族的生活裏是很重要的一環。它是工作的地方，也是休息的場所，更是育樂的去處。尤其在經濟方面，更顯出它「工作房」的特點，使物質文化更富裕。

計劃與興建過程

雅美工作房有兩種，一種是比較簡單的造型叫：一、Raong，二、Makarang，另一種是比較特別的造型叫Saza。這兩種用法相同，但是「酒拉」特點多，如可以貯存小米、歡樂等。工作房型式是縱式，前後有門通行。簡單的那一種不須要舉行落成典禮，只有叫「酒拉」才可以舉行。

雅美族興建工作房是有計劃性，按計劃進行工作，計劃過程是這樣的：

當一家夫婦認同計劃時，就開始進行工作。第一年要做的工作是開地種芋，上山取材料養豬等。為了增加芋田就很努力地尋找可以引水地方及有水的山野。雅美人計劃工作有兩種，一種是普通方式叫Sivasivah，另一種特別方式叫Mipangto，兩種意義完全不同。在這一年內，可以放下捕飛魚的工作，專做生產芋頭，取材料。有時，一天僅吃兩餐，早晨一餐，黃昏時刻一餐。一年當中是如此的生活，使他們身瘦如柴。引水開拓荒野是非常艱難的工程，尤其岩石壁開道引水，以前又沒有完備的工具，僅以一根鐵棍慢慢敲打岩石，好不容易才開出一條水道引水，這種艱難工作，最快須五個月的工夫方能完成。有時，常在工寮過夜。男人除了開地，還要往森林去砍木料。工作房第一年工作做完後，接下是第二年的工作。同樣地，女人這時非常忙碌，原有的芋田全部要特別管理，再加上新開的芋田一年三百六十五天都在芋頭田內早出晚歸的工作，害得她們瘦了一半。除了這些外，還要為先生煮飯，料理家務等等其他工作。男人在這一年砍四塊靠板或六塊Zazacit，到了家後還要加工雕刻Tagtagzanhan, Volavolawan, Taotaowan三種花紋，還有貯存板(Cineytay)也一樣，到家後加工雕刻，地板(Rasay)到家後也要加工刨平。男人如有時間，還要開地增加芋田，叫Ipanrateng。工作房柱子以上的材料，全部砍完拿回家存放。

伐木時村人須要幫忙取材料，有棟樑(Sapawan)、靠板(Zazacit)、置物板(Pasapatan)、貯存板(Cineytay)等。村人知道主人要砍這種材料回來，有家畜人家就去幫助他，這些材料砍回來，一定殺豬或羊來招待他們「工人」，沒有豬、羊者，僅以魚干慰勞工人。伐木時，具備技術者先造出材料模型，然後砍伐的工作由一般人擔任。第二年的工作做完後，就開始做第三年的工程，為了工作房的成果好，女人就日夜不休地整芋頭田、看水，半夜還沒回家，令家人擔心，到處去找。這時，男人就開始砍工作房的柱子。還沒上山之前，就先磨使用的斧頭，吃過早餐後，把便當裝好，最好放一塊肉片Taroi，以便討好魔鬼來幫助，之後方上山去伐木。選定樹木之後，先砍倒四周樹木以便砍伐進行，覺得可以了，就開始砍要的樹。砍樹也是一門學問，本族並非一見樹即砍，要注意樹的生態。經驗告訴我們，對著陽光部份，樹就往那長大，樹心離那部份很遠，背著陽光部份不容易生長，所以樹心離那部份近。砍時，先砍需要的部份，然後，要它往南方倒的根部砍掉，最後砍背面，這樣不但很快倒地，需要部份，不會被損壞。樹快倒時，還唸經說：「Tokangay mamazispisdoapan ko jimo mo katouanta no mangay sicyapiya no kawan am, mangay ka matazioazing a isogat」意思是說：「願妳（樹）倒在工作順利的地方，使妳（樹）很快完成運回家，往後的日子，妳也有份參與豎立在院子。」砍倒的樹，預定材料的長短，就取出帶來的尺來量它，不可以從它的尺度砍斷，要多加幾公分，來預防萬一。之後砍掉不要之部份，然後造模型。造好了砍去模型背面不必要的部份，耐力強者，可維持一個多小時刨木不休息，汗水直流浹背。到了中午，休息吃便當，弄一點肉和地瓜盛在姑婆芋葉放在偏僻的地方唸經說：「拿去吧！希望你們（魔鬼）來幫忙，往後有妳們的份。」吃完便當休息幾分鐘吃檳榔，之後開始工作。一般工作房的柱子採用拖運回家，在平面上比較好拖，但在斜坡地方拖柱子，不是一般人担當得起的，力量與智慧務必合作

●工作房前門。

應用，方能度過難關。工作房樑、柱子就是這樣的把它完成砍回來。最後砍「工作房」前、後中柱，它是工作房的重要材料之一，當它取回來時，主人準備地瓜、芋頭來招待幫忙者，也要殺豬、羊等。上山之前，分配人數，一組一根，然後，弄點肉祭給魔鬼，討好他們來幫助。取中柱，雖然相當重，但是人多輪流，就比較輕鬆。柱子到家主人取點水潑它，然後用金子祝福說：「願妳（柱子）帶給我們永遠的生命。」到此，第三年的工作完成，接下來造工作房。開始興建工作房那年的第一個步驟是開地瓜園，那時間是十二或一、二月份，開地瓜田最少兩塊。到了五、六月就開始拆除舊的工作房。接下是整地，挖成縱式長方型地基也一樣朝南為利。在飛魚期間盡量捕捉以便備用。在夏天興建者，都稱為「尹巴尼弟卡Ipaneyteyka」，冬天的叫「尹巴阿米厭Ipan-gamiyan」。工作房地基挖好後，主人又要準備地瓜或芋頭，準備豎立柱子，叫「米所卡的Misogat」，這時，一定殺豬或羊等來招待幫忙的人。工作時，較年輕者自動挖洞，然後塞進柱子，接下用石頭暫固定。由於工作房面積較小，不到兩個小時，就把工作完成，接下來上棟樑，橫骨，縱架、縱式墊板等，上好或綁好後，開始釘地板。釘地板要加一塊板子最理想，不過，這要有相當高明的技術。到了中午後，主人叫工人停工吃早餐。大家都回家拿盆子裝地瓜、芋頭等。吃過飯後，把自己的食物帶回家，然後回來主人家繼續做下午的工作，有的老人家可以不來，以後的工作由「主人」自己做。但是，做到上靠背板時，又有人來幫忙，因為一大塊的板子一人應付不起，需要幾個人才能上好。需要三、四天的工夫方能完成。接下來是上前後壁板。完成後，上溝型板，這份工作也需要人幫忙，方能上好，一人做不來。工作中氣候也帶來困擾，下雨天根本不能工作；熱天嗎！汗水流個不停，天然因素，滯於工作的進行。溝型板上好後，接下釘屋頂板叫Mipakaw，釘板雖然簡單，但是要受熱天的苦，這工作有時會有人來幫忙。以前做這工作是搭竹架，橫縱式交架，然後綁緊，一直做到兩邊完成，然後才蓋上茅草。蓋茅草也要很多人來幫忙，主人也一樣殺豬、羊等來招待工人。

工作房蓋完，可說工程已經完成了，最後是疊石牆，這份工作可以在採芋時，慢慢去完成。

使用材料的種類及用途

雅美人興建工作房所使用的木料，是森林中上好材料。選樹的方法，遠古以前的雅美人早就訂好，而代代相傳。而且木料各有不同的用途，這些材料集合起來建成雅美工作房。

工作房使用之材料種類有三十六種，各不同的用法，說明如下：

一、茅草Vocid：它是蓋工作房屋頂、前後屋簷、門牆等。

二、Vaeng：這材料用於綁屋頂架骨，叫Tpiyakeyaked sopakaw kano Panyakedan。

三、竹子Kawalan：這材料用在屋頂架骨蓋茅草，叫Ipipakaw kano atat no vocid。

四、Ozis：這用來綁縱式的兩邊骨，叫Tpiyakeyaked soPanyakedan。

五、藤Wakay：是用來綁茅草，叫Tpiyakeyaked sovocid。

六、水藤Vazit：用來綁柱子、屋頂架骨、棟樑、牆板、前後屋簷架等，叫Tpiyakeyaked-So Sapaw, Pakaw, ai, zazacit kano pinasoklip。

七、Pangonon木料：這木料用在工作房柱子、地板、牆板、棟樑、屋頂板等。

八、Mozngi木料：用來當柱子，木心不易腐爛。

九、Oring木料：用來當柱子，也一樣在泥土不易腐爛。

十、Aninibzaon：也是用於柱子。

十一、Ariyaw：木料用柱子。

十二、番龍眼Ciyai：木料，用於柱子、地板、屋頂板、面板、溝板、縱、橫骨等，叫Abojinganapi so ciyai ya。

十三、Vanatngil：木料用於柱子。

十四、Poraw：木料用於柱子。

十五、Vacinglaw：木料用於柱子、縱根架等Panyake dan, aina。

十六、Mangapji：木料用於柱子，橫、縱式骨架aina, panyakedan。

十七、Mazavowa：木料用於柱子aina。

十八、Azoi：木料用於柱子aina。

十九、Kolitan：木料用於地板、牆板等rasayna, palasiyasen, pakaw。

二〇、Cipono：麵包樹木料用於地板、屋頂板、門板等rasay, pakaw, azbazbaen。

二一、Mazaciyai：木料屋頂板，臉板等pakaw, woingno makarang。

二二、白肉榕Anongo：木料用地板，置物板等rasay, pasapatan。

二三、蘭嶼肉豆蔻Gogo：木料用於置物版Pasapatan。

二四、棉花樹Varok：木料用於屋頂板、地板枕墊板，縱式骨架等panyakedan ransan, pakaw。

二五、茄冬Tehey：木料用於柱子ai。

二六、Alipasalaw：木料用於柱子ai。

二七、Venez：木料用於橫骨Panyakedan。

二八、Mazaozis：木料用於橫骨、屋頂板、地板等panyakedan, pakaw, rasay。

二九、毛市Ka-mala：木料用於柱子，橫骨等ai, panyakedan。

三〇、欖仁樹Sa-vilog：木料用於地板、面板、屋頂板等rasay, moing pakaw。

三一、Kalenden：木料用於屋頂板、橫骨等pakaw, panyakedan。

三二、Aponokalenden.：木料用於屋頂板，橫、縱骨等，pakaw, panyakedan, miposoosok。

三三、Pali：木料用於屋頂板、地板等pakaw, rasay。

三四、蘆葦Sinasa：用於壓茅草pangatatan。

三五、桑木Pasek：用於釘板的釘子Ipanyoray。

三六、紅土Vorilaw：當老師，可指示不平處削去，用於連接板子的縱面Ipivorilaw等共三十六種。這三十六種材料各扮演著重要角色。如缺了一種，工作房是造不成的，他們「材料」是互相搭配，才造出完美無缺之一棟雅美工作房。這些材料之選擇為遠古的雅美人在長久的時間內，不斷地改進，才成了現在造工作房之優良材料。現在的雅美人並無多大的改變，僅有牆板改為水泥牆，茅草改為油紙或鐵皮等。省略了砍牆板、柱子，及取藤、茅草、竹子、蘆葦等工作與時間（這就是進化論之演變，省了森林可用的柱子樹）。

工作房各部位的名稱與建造用工具

一棟雅美工作房各部位有其名稱，命名時，古人依據它的型態而訂名。在不同的方式，就有不同的名稱，如工作房一般稱呼叫一、Raong，二、Makarang。對更上層的說法叫Saza，用歌首的稱呼叫Sazawaz等，這些不同名稱要適當去用，否則，一笑不止。

首先從工作房之上至下敘述之，背脊的茅草叫Pivonotan，茅草蓋叫Atep，屋簷叫Rereyan，屋頂內骨架叫Pakaw，工作房前、後頂端叫Sazavong，前後垂下之屋簷叫Pinasoklip，兩邊外則叫Sirinosaza，棟樑叫Sapawan，兩邊縱骨叫Panyakedan，前後牆板叫Moingna，左右兩邊牆板叫Zazacit，石牆叫Atoina，工作房前叫Ngoso no makarang，後叫Zoso no makarang，貯藏室叫Ciniyaciyang另叫Cineytay，置物室叫Pasapatan，前後中柱叫Kananaronan，兩邊柱脚叫Aina，地板叫Rasay，枕墊板叫Ransan，開關板叫Azbazbaen，下方叫Obo等。

雅美族興建工作房，在還沒有文明科技的時代，本族所使用的工具，完全是自製的，且非常粗糙，量也少品質上也很差，因而工作效率差，現在有了文明工具，不但工作進行較快，且造出成品較好，但目前的方法無變。

興建工作房所使用之工具有一、斧頭(Zaig)，遠古叫Cinwawasay，這工具用來修平地板、牆板、砍樹，修直板子縱面等。二、刨子(Kawaz)，這工具用來刨平從山上來的材料。三、小斧頭(Ipiparepareng)，這工具用來連接板子削除不平之處。四、轉子(Paet)，這工具用來穿洞木料等共四種。現在僅加一種是鋸子，另外是尺線，用來弄直木板的縱面。

工作房的雕刻與娛樂

工作房的左右牆板在還沒上之前，先雕刻Tagtagzanhan, Taotaowan, Volavolawan等紋種，還有面板、大中柱、貯藏室等，雕法是採取刻劃的方式。

當一棟工作房舉行落成典禮後的第二天晚上，就開始在工作房內唱歌歡樂Mikariyag，主人為他們煮芋頭和豬肉來招待他們為新工作房帶來快樂，以後就有不定期的在這歡樂。工作房不但是工作的地方，也是娛樂的場所，兩項功能帶給雅美人福祉。

雅美族興建一棟工作房，有計劃性的三年工作，在每一年內，務必要按步驟完成工作，因而工作者都早出晚歸。雖然有時，有人來幫忙，但是他們並非經常來，僅是一人單挑沈重的工作，最感艱難的是砍倒巨大的樹，非一人之力可把它搬來搬去，至少十幾個人才能夠移動它。尤其砍伐大樹時，周圍可能被壓制的樹，必須全部砍掉才可以順利工作。因為這樣，雅美人不得不以宗教信念來討好魔鬼幫助，使他能完成艱鉅的工作，他說這都是看不到的「魔鬼」所贈的力量與精神。因而工作房興建中，務必實行精神文化來鼓勵自己克服一切困難。期間一家人僅吃兩餐，不但是沒有芋頭可以吃，又沒人在家煮飯，以前生活，不是像現在容易多了，除了很辛苦地工作，到了晚上，男人想到一家人都沒菜吃，還要拖著疲憊不堪的身體下海捕魚，有時，因天氣冷酷常暈倒於路上，連半條魚都得不到。女人方面，雖然上山回來非常辛苦，但家裏飯沒人煮，還要做家事、餵豬等一大堆的工作。一年工作完成，又來第二年的工作，完成了又來第三年的工作，完成後又有興建工作，使工作者身瘦如柴。除了辛苦三年不說，滙集的收穫，完全是分送給別人，自己一點什麼都沒得到，完完全全為人服務。

第五節　工作房的落成慶典

採芋儀式過程裏，
主人將砍來的蘆葦莖，
丟往田中驅除惡靈，
並以盆盛肉討好魔鬼。
獻唱儀式後，
分贈客人禮芋及豬肉，
漫長三年的興建過程，
在族人共慶分享的情意中，
圓滿落成！

當造好一棟工作房後，兩夫婦商量採芋事宜，訂定時間後，就開始進行工作，選定吉祥日舉行採芋儀式。過程是夫婦穿戴禮服前往芋田，到達地點後，砍幾根蘆葦莖往芋田內丟去，意思是驅除惡魔在田內作祟。之後，換上工作衣，然後下田挖芋，太太挖，先生處理，兩人合作很快地完成工作。放芋頭的地方，也是插上蘆葦莖(Sinasa)，表示使魔鬼無法偷吃芋頭。挖芋頭的小動作一上場，使得工作氣氛有聲有色。先生處理好的芋頭，裝在籃子，一籃一籃地背回家，曾經或可能會使芋頭減少的人，不可以擔任貯存的工作，以免誤會。黃昏時，婦人開始邀請明天來採芋的女人。到了第二天，被邀請的女人打扮自己如仙女般亮相，然後，到主人家去，都到齊之後，由女主人帶頭出發，大排長龍地上山去。到達田園，換上工作衣，有的砍蘆葦莖，然後往田中央丟去。女主人弄點肉盛在盆內，送給魔鬼，討好魔鬼，希望它能使壞的芋頭變為好的，這樣就大豐收了。下田的女人，不可以採到同伴的面前，會造成不吉利現象。挖到田埂後，就收拾挖過的芋頭集中在處理處。籃子的口徑不可以朝天，招來不吉利，因為口徑會吃掉芋頭，使它減少，最好翻過來。一處地方的芋頭拿好後，下午才到另一個地方。田多人家，採芋的工作經十天左右才會完成。少田者，最多七天時間。有羊人家，當中就抓羊。抓羊有條件，羊角有食指

●婦女上芋田的服裝。

與拇指伸開長的羊，「雅美人的尺」一律抓來，角不夠長的放走，母羊不須抓。抓羊是一門學問，要擅長在礁石間追逐、抓羊技巧等，沒有那種能力，別想參加抓羊，免得掉進礁石洞送老命，主人賠不起的。牽羊也一樣，抓不好，羊反而站起來攻擊你，不但你嚇破了膽，也給放掉了羊。採芋的最後那一天，除了一部份人採較大的芋頭(Maseven)外，另一部份人去挖地瓜。到了下午就抓豬，圈子做好後，就開始抓豬，村子裏的男人都要去參加。抓豬非是普通人就可以，要有相當強的握力、勇氣及敏捷等。你沒有以上條件，只有給豬咬你一塊肉，雅美族的豬會咬人的，豬抓了放進圈子內，到了晚上時，受主人請託負責邀請客人的人，到主人家去了解被邀請人數。以前沒有紙張可記錄，僅用腦記。記憶力差的人，自動退讓，否則，主人會沒有客人來，到第二天就去請人。如果主人大豐收，他自己也參與請客的工作，叫Mapasidong，意思是多加一份禮物。在這一天，該準備的東西，都要到齊，如老藤、檳榔、姑婆芋葉等等，到了第二天，如殺豬、羊等，

●被邀請的婦女打扮自己如仙女般亮相。

就在一大早即宰殺處理完畢。這時，親戚們都來道賀豐收的芋頭，並且唱出優美的讚歌。到了中午，就開始搬出芋頭，工作房的落成是把芋頭堆在屋頂上。如果芋頭實在太多，可以把一人或二人船抬回來置在院子前堆芋頭，或是住屋的屋頂上都可以放。村子裏的男人都來幫忙，有的老人看到芋頭多，就會唱出讚美歌來歌頌主人的成果。這時，外村的兄弟姊妹及親家那一邊，也都到了，有時，還會幫忙搬芋頭。有的人家為展示特別成果，就在工作房的背脊部，搭起架子掛上有柄的芋頭，叫Mapavilad, manzangkey。古人說：「這事的儀式做不好，會招來大飢荒。」搬完芋頭，從中會有人唱讚美歌。這時，有主人會唱出辛勤成果的歌。當然這些歌當時早已編出。但是，主人還年輕時，不能唱出得意損人的歌詞。之後大家換上禮服準備迎接來客，主人坐在中央，旁邊都是親戚，先生坐在那兒等。客人踏上家門時，主人及其他人站起來迎接他們。以雅美族迎接貴賓接吻方式，一個接一個地向主人接吻，吻過的客人到旁邊站著，不可以坐下。迎接儀式完畢後，主人唱出迎賓歌，他主唱其他人接著唱。唱完後主人令大家坐下來準備一個一個人地獻唱。之後客人中最長老地獻唱，主人回唱後，他們就按年齡順序唱歌。唱歌在本族文化有階級性之區別。如年紀輕者，兩種歌不可同時連續唱，只有上了年紀者才有身份唱，否則別人誤會你太老了：Mapitananibsoraod a kanoanonod。如果時間到了，但是客人還沒輪流唱完，主人就可以宣布收拾貴重的東西，準備吃晚餐，還沒唱的客人晚上繼續為主人獻唱。當客人都唱完了，但太陽還沒躲到山頭時，可以吃晚餐，因為客人不能一直坐在那兒等太陽落山。吃完晚餐，主人就講解芋頭的來龍去脈及豬、羊等。大約嬰孩家關門，雅美時間表，晚上八點鐘時，主人與客人進到工作房內，準備一夜不眠的歌唱。首先主人敘述興建工作房的動機、過程、成果等，然後先唱一首歌。唱完後，下午唱過的客人不敢再唱，因為他們知道還有其他客人沒唱。這時候，還沒唱的客人陸陸續續地唱歌。獻唱的客人，務必要懂得主人的身份及工作中的情形，如成果、豬、羊、芋頭等，來編造一首讚美歌，但要唱出讚美的反面，這樣的歌曲最適當不過，有的不誇獎主人的成果，只以長壽、平安的言詞來祝福。但是，如果主人是一位老人家，為他高唱高歌，他很歡迎，因為他經歷了各種不同事物。在雅美族精神文化觀念上，讚美別人，等於叫他去死。雅美人不需要太多的讚美，因為它會消滅發展中的人生樂趣。還沒唱的客人唱完後，就開始第二次的獻唱，俗語說：「有第一次就有第二次。」這時，不照年齡之大小了，有編好一首歌就唱著。到了午夜，主人搬出客人的點心。點心內容不一定，有的是小米、地瓜、芋頭、魚干、豬、羊肉等。吃過後的一個多小時，又進工作房內唱歌。古時候，沒有現在的燈光，他們只以蘭嶼肉豆殼(ga-go)點燈。這時，不論主人或客人，以別人編的歌來唱著，叫Mamowaw。客人千萬不可以唱自己編的歌，以免遭別人的誤會，只有主人一首一首地唱出自己的歌。到天亮後，他們才散會去洗個臉、脚，之後用早餐，主人隨便吃吃，開始工作，送每位客人與村人禮芋三株叫Mapatodah so pinatodan，這禮芋是根據禮肉之分配。送完村子的男人就分配每戶的禮芋(Anmo)。分配時，要多加給客人。這時，客人他們不等再加就把芋頭裝在自己的蘿筐。拿好禮芋後，客人把自己的份放在親戚家之後去欣賞抓豬的角力。村子裏的男人，除了老人家以外，壯丁者都要參與抓豬的工作。抓豬也有親戚派系之分，如果某一家族的人抓了豬脚，他的表、堂兄弟馬上跟著絆倒那隻豬。豬脚綁好後開始殺，有幾個人按著豬，負責握豬嘴的，握力一定要有三百磅力量，不可以讓豬喊叫。這種人客人看到都說：「讚！讚！讚！」相反地，握力不夠的，不但手被豬咬，而且叫個不停，客人會一笑不止。殺豬的時刻，客人全部來欣賞豬與人角力。之後，把豬燒了；然後搬進工作房內切解部位。燒豬的人都可以得到豬脚，報償他們燒豬的辛苦。村子裏的男人都要到主人家幫忙切肉，領自己的生肉。生肉分配好，村人領取後，順便拿一塊部位Asoyan回家煮。而客人留下，主人搬出一大盆的地瓜給他們吃，吃生肉之前，務必弄一點給魔鬼吃，使他們高興，實現以前主人說的話。一點點的肉，據說到魔鬼的手上，會變成他們吃不完的肉。客人吃生肉，並不當場吃完，否則回家太太生氣說：貪吃鬼。因此僅吃一、兩塊，剩餘的帶回家。這時，大家都解散了，剩下的只有被選定切肉及幫忙處理的親戚。親戚們都來幫忙，使工作很快地完成。

快上正中時，雅美時間表，為十一時半，主人召集有帶黃金、銀盔的客人來應酬，雅美話叫Mapasisibo意思—「帶著貴重的珠寶參加我的慶典活動，視為尊重論，必得報償。」每個人的份包起來帶回家。禮肉分配好後，負責這份工作者退去，只有主人及選定的人留在身邊侍候。主人將豬頭、腿、內骨加在兄弟姊妹、岳父母、親家一方的人。之後就開始頒發禮肉，最先是父母親及岳父母，其次是兄弟姊妹，再來是最遠的部落，之後就是順著遠近的部落，最後是村子裏的人。禮肉送完，客人都回家了，又要請村子裏親朋好友，當然兄弟姊妹、朋友等不例外。被請的人務必帶刀子切肉，大家分工合作，有的切肉，有的分解骨肉，有的做竹架，有的綁肉，有的醃肉等。弄好的肉曬著，分配的肉自己拿一份包起來。回家時，拿二、三塊幫忙主人在家裏煮，叫Asoyan。這一批人走了以後，女主人又要請曾經幫忙採芋頭的婦女、男人等，所剩下的芋頭大家分配，加一包豬肉回家，工作房落成典禮就此結束。

●工作房歡樂情景。

第六節　涼台的搭製

蘭嶼位於亞熱帶，每當夏天來臨，陽光炙熱，雅美人興建涼台，減輕炎暑的肆虐，除了供乘涼用之外，也可以瞭望部落四周，瞭解各處發生的情況。

涼台是本族第三級的建築物，是個熱天乘涼的好地方。以地理環境說，蘭嶼島位於亞熱帶地區，每年的夏天，陽光炎熱，因此雅美人興建涼台，來減輕炎熱的肆虐，它對本族生活是非常重要的一環。

涼台的種類與興建

雅美族的涼台有普通與特別兩種。後者是有計劃性的興建，兩種意義不同。但它的功能相同供人乘涼，使你享受天倫之樂；它能帶給你無限舒暢與快樂，使你享受百歲之福。

普通涼台的興建時間以春天為多，其次冬天。如一個家庭沒有一個好地方乘涼，就可以臨時蓋，隨便砍四根柱，兩根竹子橫骨，兩根前後骨架等，大約蓋兩三天就可把它完成，上頂是蘆葦莖搭上，然後用竹子壓住即可，柱中搭起縱骨，就可以放木板，涼台算是完成了。

特別涼台的興建，兩夫婦同意興建時，第一年就開始工作，女人把所有的水田全部除舊換新。男人因砍木料較少，注重於開拓荒地、開水道引水等工作，在這一年當中僅砍涼台的地

●涼台的種類繁多。

板(Rasay)，數量不多，如果寬大僅五塊即可。第二年就砍兩塊左右牆板，還是繼續開地。蓋涼台也是盡其所能，與工作房相同，只是取來的木料較少。到了第三年，女人的工作比較繁忙，所處理的芋頭多，芋頭都已經成熟了，男人這時上山砍涼台柱子，同樣的，每次砍樹，都要樹往南方倒，表示吉祥，往北方倒表示不吉利。砍柱子除了小的是自己一人取回來，兩根大柱子，則需要多人幫忙。這兩根到家時，主人取聖水潑上祝福迎吉祥。柱子砍完後，接下是採藤、竹子、縱骨等材料。迎接興建涼台的那年春天，就開始開地瓜園種地瓜，到了「得尹得尹卡」，雅美族夏天期間開始興建涼台，首先拆除老舊的，然後整地。這件工作很快的做完，接下立柱子，村子裏的人會來幫忙，很快地就把「涼台」模型造好。接下是搭骨架，不到一星期即完成，然後蓋茅草，這時，也會有人幫忙。女人工作除了除地瓜園的草之外，也還要很賣力處理芋頭，如果看見芋頭還沒長出果實，她就切去部份葉柄，使芋頭早熟叫Mapalasiso mahataw so apis。這時，壞的芋頭一籃一籃地背回家，女人見了非常生氣，出氣於先生說：「都是你工作延誤遭來的。」如果芋頭沒有幾個是壞的，女人心裏很滿意，再怎麼苦，也得很晚才回家，捨不得離開林立的芋頭。男人做完工作之後釘上地板，沒幾天

●大家聚餐慶祝佳日。

便完成，接下的工作是牆板。若工作進行的很快，涼台做完了，可是離原處落成典禮的時間是很遠，就慢慢做其它瑣事配合。涼台完成，接著採收芋頭、邀請客人，落成典禮一直到結束，與住屋、工作房的落成相同，因而在此不贅述。

涼台之可用木料，完全與工作房使用的相同，但木料型式就有差別。如柱子的下半部，較為長些，前後骨架是如彎月似的。涼台的型式高於工作房和房子，縱式的，設有木梯上上下下，兩旁牆板可靠著背談天。

涼台的用途

在雅美族的生活文化裏，除了供乘涼用外，也可瞭望部落四野，使得很快知道一切發生的事，包括海上的狀況，並且是個最佳待客的好場所。另外，除了禁忌方面的事不在涼台做之外，其他手工、編製等都可以。休閒活動及飯後談天之最好場所。它有多方功能，所以別於其他建築物，有小天使園地之稱。

古時候，雅美族的涼台，遠在古人的生活圈子裏，涼台是他們德高望重的象徵。不是任何人都可以興建，如雖然有能力可以建，但是，在條件上不足時，就不能興建。德高望重者Moromorong do pongso的涼台，不但都雕花紋，由特別木料造成，且中央豎立很高的花冠，叫Morongno tagakal，高突於部落。在那裏除了接待上賓之外，下方是工作室，也可以瞭望部落的四野，發生意外事件，在那看的清清楚楚，有什麼家族聚會它都成為活動場所。

總之，雅美族的居住文化，可從上述之分類得知本族居住得以分季而造。如涼台專供於夏天乘涼，工作房供於春、秋兩季使用，如春天於工作房工作、加工、編製等等；秋天製陶的好場所，製木器、戰甲、冶金、銀、鐵、禮帳等等其他。房屋供冬天寒冷取暖的好地方。古時候的人想得很周到，本族人除了居住配合四季而建之外，是把建築物分類為普通與特別，使初步興建者先從普通房慢慢上到最高階層的四門房。本族也採取層次性觀點，如先有一門房登上二門，之後三門，最後四門房等。當然並不是每一個人都能做到，也有的僅住於二門房就老死了，爬樓也視其能力而退。除此以外，還要繪圖雕刻來加以裝飾美觀，如涼台的頂冠，工作房內之雕刻，房屋前牆板（Cicipan, zeveng），中央柱（Tomok）等，這些都是美化居住環境。

除了物質文化加以琢磨外，精神文化更為重要。雅美人每進行一件事，都必須行祭儀，求吉求福，是為本於最高願望的標竿。當然行祭目的為企求好神或魔鬼的協助，使工作順利完成。工作進行之初，採芋求利等這些內蘊精神文化意涵。

物質、精神文化之同時進行，為本族人建立文化史觀之根源，使雅美族社會文化建立在完美無缺之境界裏。除了以上兩種文化外，還兼著「思想文化」，如房屋床板，須前方高，後方低，使人睡了，身體內之污血往下腹排泄。工作房之靠板，使人工作累了，可靠背休息，尤其「工作房」寬大而縱式的室內，又通風涼爽，可供娛樂。雅美族的住屋文化，得有物質、精神、思想文化相互陪襯，使它達至真、善、美之境。

● 一般涼台。

2／雅美族的飲食文化

第一節　農作物的來源

雅美族主要的農作物大部份是引進來的，如山葯、山芋、旱芋等，土生土長的芋頭、小米，是雅美人早期的主要糧食。

逐水而居的遊牧生活

雅美族居住在一個四面環海的海島型島嶼，有廣大無邊的海洋，生活習俗隔著社會大眾之文化，因而本族生活在這島上長久封閉，也因此目前的生活，還是過著原始生活，無法趕上文明生活方式。

早在遠古以前，雅美人在這島上過的是遊民生活。族人只住在有水源的地方。據說雅美人選擇河流兩旁，聚居一地約五年之久，那裏的生物用盡了，又遷移到別的地方。那時候的生活，以生吃食物維生。到了族人認識了火以後，才開始吃煮熟的東西。亦從這時候，漸漸地懂得各種農作物的培育生產。不過，當時的工具缺乏，生產量少，從此雅美族主要的糧食就此誕生了。

雅美族主要的農作物，大部份是引進來的，只有芋頭、小米等為本島土生土長的，其他如山葯、山芋、旱芋等為引進的農作物。因此早在以前，雅美人的主要糧食僅是芋頭和小米等。

●雅美人的菜園。

芋頭來源的傳說

據傳說芋頭的來源是這樣的，它原生在一棵大樹的腐洞裏。他們的祖父派每組兩人出外尋找可吃的食物時，兩孫子就把採來的東西交給祖父認定，且對他說：「這個東西，它生長在一棵大樹的枝洞裏，塊根很粗大，我們看了很奇怪，覺得是什麼東西？就把它採下來帶回家給您看。」說完就把那棵「芋頭」交給祖父看。他接過來時，首先握在手中翻來翻去地觀察。他們的祖父不是一個平凡的人，而是神通便達的，經過深思之後，了解它的性質，就告訴孫子說：「這是芋頭(Oya rana am, ngaran na opi no tazak)，可以繁殖來吃，但要煮熟才可以入口，你們把苗插入水中，它過幾天就會發芽生根的。」之後兩孫子把芋頭苗種在有水的土地上，過了兩、三年的時光，這芋頭繁茂遮天。許多雅美人知道這芋頭可以煮熟來吃的，就把它分枝移種。他們也把它帶到身邊，每遷住在那裏，就把芋頭種在那裏，直到雅美人的部落成立。這時，他們大量地開墾種植芋頭。當時，這芋頭是族人們最主要的糧食。從此以後，族人不再沒有飯吃了，而是努力地生產它。

除了以上是土生土長的芋頭，其他的芋頭都是引進來的，漂流過來的，大部份都是從南洋群島引進到蘭嶼島。

地瓜來源的傳說

在遠古的雅美族社會，據說，地瓜不是島上的產物，而是從海洋漂流來島上被兩位姊妹發現，種植以後，分佈在島上的六個部落內。不過各部落的傳說不同，以最有趣的傳說為記錄重點，細節的來歷是這樣。

很早以前，在Jimaliodod（其馬里吾旨吾旨的紅頭部落），住著有一家四口，生活過的很平安愉快，沒有什麼煩惱，有一天，父母親在還沒有上山以前，對孩子們說：「你們兩姊妹要好好看家，不要出去，在家裏做事，餓了，留下的飯在這裏，倆人一起吃。」「好的。」姊姊說道。之後她們的父母親便帶著工具上山工作。父母親剛離家時，倆姊妹蠻乖的，在家好好做父母交代的事情。到了臨近中午時間（為現在的十一點鐘之時刻），由於她們倆是青少年期，容易餓肚子，家留下的剩飯（Mavaw）已吃光了，椰子罐（Royoi）內的水也都快喝光了。這時，妹妹對姊姊說：「我好餓，我們出去找東西吃好嗎？」姊姊有權照顧她，且也顧家，便很正經地對妹妹說：「雖然我們很餓，但是別忘了父母親的吩咐，千萬不要出去，要在家裏等父母親回來，記得嗎？」「可是，不管妳說怎樣，我已經好餓，難道妳要讓我死在家裏嗎？我還是要出去找東西吃，否則……。」她妹妹餓極地說。在遠古時代之雅美族生活，吃一個芋頭，就已經是夠了，那時候，並非是沒飯吃，而是要很節省，要不然如果天氣一變，有好幾天不能上山工作，天氣好冷，又沒衣服穿，會凍死在野地。就因為這樣，姊姊考慮了很多，才答應妹妹的要求，且自己也餓的受不了。

後來，兩姊妹離開了家到外面找東西吃，走遍了村莊的各個角落，什麼東西都沒看到，這時，快餓昏的妹妹對東找西找的姊姊說：「在這裏什麼都沒看到，換個地方找食物。」她姊姊眼看妹妹快餓昏了，心想，再不想辦法，她會餓死的。後來她想出了一個好辦法，就是先去水源地方，讓妹妹喝點水，這樣比較有力氣找食物。想通了就對妹妹說：「也好！我們先去水源喝點水，然後到海邊找東西吃好嗎？」她妹妹只點點頭地答應了，於是他們到了水源去喝水，然後到海邊找可以吃的食物。倆人走遍了海邊，什麼東西都沒見到，以失望的心情又走回去。妹妹走到一個角落時，忽然看到兩塊紅色的東西在一起，心想，這是什麼東西？顏色是紅的，她覺得這東西很奇怪，從來沒見過，就把它撿起來，跑去姊姊那裏問說：「姊姊，妳看，這兩個東西蠻好看，且很重呢！不知道是什麼東西？」姊姊看到她手上拿兩個紅色的東西，很奇怪地反問說：「那是什麼東西，那裏撿來的？」「就在那邊撿的。」妹妹回答。「拿來看看，查看是否是可以吃的東西？」她姊姊很想明白這東西而說道。妹妹很聰明，只把一個給姊姊，另一個在手裏。她姊姊接到後，看了看，心想，這是什麼東西很重，用指甲弄破外皮，肉質是白色的，之後給妹妹看說：「你看，它肉質是白色的，好像是可以吃的東西。」說完後就咬了一口嘗試它，破損的部份，呈現白色的肉質。姊姊啃了一塊又吐出來，放在手裏看，懷疑地對妹妹說：「這個奇怪，外皮是紅色，而裏面是白的，好甜呢！妳咬一口試試看。」說完把地瓜給妹妹咬一口，她嘗到那地瓜時，便說：「嗯！好甜呢！」之後，姊姊就一口一口啃掉手上的地瓜，不到二秒鐘就吞到肚子裏。她妹妹看到她啃地瓜像瘋子般，就急聲地說：「妳就吃掉了喔！還要帶回家給父母親看啊！」她姊姊根本沒把她的話聽進耳內，沒有幾分鐘就把她手中的地瓜吃完。相反地，她妹妹根本沒動她手中的地瓜，想帶回家給爸爸、媽媽看。她看到姊姊如此的行為，很討厭她。她們回到家後，煮飯給父母親吃，也整理家事，工作做完後，待在家裏，等父母親回來。不多久的時間，父母親從山上回來了，他們換好衣服，吃中餐以後，妹妹就把看到的東西交給父母親，且一五一十地把經過說給他們聽。父母親知道情況之後，就責備她姊姊的不是，並吩咐說：「這東西埋在泥土裏，讓它發芽生根。」母親也很認同先生的看法，於是他們就把那東西埋在前院的Pananazaban（烤豬羊的地方），之後就不去管它。父母親每次上山工作時，就吩咐倆姊妹說：「千萬不要去把它挖掉來吃，誰敢挖，別想吃飯。」過了一個星期後，那東西就開始發芽生葉了，父母親看了很高興，尤其是妹妹也非常的喜悅。心想，到底以後是怎樣的農作物，恨不得讓它快長大。到了一個月後，它的葉柄，就開始往外伸長，一家人很注意看它成長，也算算日期，到了半年之後，它的葉子茂盛遮天，看不到泥土了，葉柄也都伸長地往外，有的爬到牆壁上，整個前院都被蓋住了。父親想著到底它能結什麼樣的果實。就用手掀開葉柄，忽然看到地面上隆起來，有兩、三塊露出土面，顏色是紅的，就叫起來地說：「大家快來看，好奇怪，土都隆起來了，裏面有幾個紅色的果實，好漂亮喔！」大家一擁而去看，的確沒有錯，有幾個地瓜露出土面，妹妹看見了，心裏非常高興，已實現了她的夢想，姊姊卻懊悔莫及，想到自己的不是，一句話都不說。之後父親挖了三塊大的，然後洗一洗放在盆子裏，大家全都專注地看著，她們的爸爸很高興的說：「好大的東西，如果能吃的話，我們就幸福了，不再害怕荒年沒飯吃，你們把它煮起來，試試可不可以入口。」之後母親就把那三塊大的東西煮了。由於當時煮地瓜的方法，他們還不懂，就依照煮芋頭的方法，加多水，煮很久，當他們把鍋蓋掀開後，香味衝出，他們聞到了個個都流口水。煮好後，撈出來放在盆內，味道不斷地深入他們肺內，恨不得吞一塊，父親用小刀將它切成一小片，每人各得一小塊，大家吃了津津有味，「哇！好好吃。」妹妹吃了高興的說。雖然僅煮三塊地瓜，但是他們一家人吃了肚子飽飽的，與往常不同。過了一段時間，她父母親開了一小塊田地，將地瓜種植，六個月或一年後收成，收穫豐富，生活大大地改變了。別人看了他們如此，非常羨慕，又很奇怪，紛紛向他們要種苗。過了長久的時間，傳遍於全島雅美族，以後的人很努力地種植培養，成了現在雅美族的主要糧食。

當時的地瓜，僅是一種，到了各部落正式成立之後，才有從海外陸陸續續地漂流進來，增加幾種。日治時代至民國，也增加幾種。但是，有的品種經不起海風及炎熱太陽的打擊，而被淘汰。那最先紅色的地瓜永遠是跟著雅美人的生活在一起，永不分離，視為最原始的上等品種，能耐海風、陽光、蟲等之優點，所以雅美人很喜歡它，作為永遠的主食之一。

山葯之來源

遠古時代，山葯不是島上的產物而是漂流引進或異族帶來的。比較原始的山葯種類不多，僅有米尼馬馬有Mineymamayo、卡卡嫩努莫兀旨Kakanenmonged、比結蘭Pigilan、如馬古偶Romakow等，至於其他品種是日治時代引進的。由於雅美族生活上的需要，而繁殖的很廣。它種植時間，需要一年才可收成，僅為補充生活之不足，為冬季最佳食物。

旱芋的來源

雅美族的各部落成立以後，生活上的主要食物，由各不同的地方，陸陸續續地引進本島，

●雅美婦女在芋頭田迎福。

旱芋也是其中之一。旱芋種類很多，有一、米拉卡叔里Milakasoli，二、米你日一勞Mineytilaw，三、里伐斯Livas。四、阿其Aci，五、馬拉拉哥大澄Malalaktaten等五種，這些都是不同時間發現，也經長期的培植。

山芋的來源

山芋Vezandede，它是日治時代引進蘭嶼，經雅美人種植生產之後，成了冬季的主要食物。

山芋引進的過程是這樣的，日治時代有幾位雅美人前往台東受訓。當時，他們因氣候的關係，不能適應環境，其中的一個人得了病，他在醫院怎麼醫就是治不好。後來，在他住處有一個很關心他的人，給他採了幾塊山芋煮來給他吃。後來，病情慢慢地好轉，復原後，他們返鄉時，向那人要了幾塊芋苗。返鄉後種在自己的田園內，經一年培養之後，繁殖很快。在短短的幾年當中，就遍佈於全鄉六個部落，成為現代雅美人的主要食物之一。

小米來源的傳說

從洪水在蘭嶼退去的幾十年後，據說小米是為兩兄弟尋食發現而來的。它來歷是這樣的：

在很早很早以前，有一個在「其巴不都哥」(Jipaptok)誕生的人，遷住在廣大平原時，神靈通達的祖父，派了兩位孫子到外面尋找可吃的食物，他們走遍了蘭嶼島的各個角落，都沒發現什麼特別奇怪的食物回家給祖父看。但是，他們還是不死心地奉命去找食物。有一天，在一個小平原上，他們看到有一種草，尖端結出黑色很硬的果實，他們倆很稀奇地前往察看，哥哥對弟弟說：「這是什麼東西，採一株回去給祖父認定，是否可以吃的生物好嗎？」弟弟點點頭地答應他。之後，他們倆採了各一株。回到家後，把那株稀奇的東西交給祖父看。說：「這是我們新發現的生物，請您鑑定是否可以食用？」神靈通達的老人家，接到手裏瞄了幾下，知道它是一種穀類。對他們說：「這東西可以吃，但是要脫去外殼才可以煮來吃。你們用手揉碎它，米粒撒在空地上好好培養，讓它繁殖，以後做為我們的食物。」說完，他們就照祖父的話去做，經過幾個月的時間培養就成熟了。他們收割時，照祖父的指示去做，貯存也如此。後來，小米就成了雅美族的最佳食物。

第二節 農作物的種植與管理

農作物按季節種植，但雅美族沒有施肥的觀念，因此採用輪耕的農業技術，除了除草外，農作物如果遭遇病蟲害時，只好請巫師來解決。

雅美人種植農作物與管理的方法是按它不同的種類、性質來培養管理，有些農作物按照季節種植。雅美族沒有施肥觀念，因此採取輪耕的農業技術，非常原始，所以收穫不豐。管理方面，除了除草之外，沒有堆肥及施肥，僅火燒雜草當肥料，雖然效果很好，但碰到輪耕，農作物就欠收。雅美人種的農作物，為順著自然環境長大，而配合不文明的農耕技術，所以生活常遭到困苦，一日兩餐的現象常有。有時，農作物遭到病蟲害時，沒有農藥來消滅它們，只以巫師的法術來解決，根本不會使病蟲害消除，反而越來越多，使農作物枯萎殆盡。雖然雅美族有一套管理辦法，但在沒有文明的科技協助上，收穫不很樂觀。

芋頭的種類與種植管理

雅美族的主要食物「芋頭」種類有八種：是一、阿拉冷Alaleng，二、卡拉如Kalaro，三、米你西弗兒Mineysiver，四、巴都恩Paton，五、米拉卡叔里Miiakasoli，六、無範Ovan，七、無比努大拉哥Opinotalak，八、卡那都Kanato等。雅美族很了解各種芋頭的特性，於是將這些芋頭種在不同的地方，什麼樣的芋頭該種在何地，如米你西弗兒必須種在冒泉水的地方，使它成長茂盛，果實碩大，以上是雅美族應有的常識。

米你西弗兒的種植與管理

通常它是種在冒出泉水的芋頭田或一邊內，尤其種在角落最適合。它是紫紅色的顏色，很高大，果實也很粗。它不適合種在一般水田，果實很小。這芋頭被稱為馬馬色弗恩(Mamasevehen)，管理的方法是這樣的：這種芋頭種了幾個月以後，就要不斷地看顧，有雜草纏生要拔掉，會影響它成長。到了一年以後，就開始切除不必要的枝子(Akatna)，每一株都必須用雙手處理。到了第三年以後，果實就露出水面三、四公分高，這時，有的人家用泥漿敷上果實，來保護外皮，或用石頭扶著它，使它穩固不易倒下或被風吹倒。第六年是終期時候，果實已經有生青苔，有古色古香的風味，給人感覺如百年蒼老古木，令人欣賞。一般的處理方法，可保留一、二根板子蹲著母體「果實」，如培養好，與母體沒有很大差別，豎立在那兒。也有人家不留枝，全部切掉，以免影響果實，使它越長越大。生長在泉水的芋頭，它的優點就是不易腐爛，碰傷部份自己癒合。

阿拉冷的種植與管理　這芋頭為大宗，且繁殖率很高，它比較適合盆地型地帶，相反地，不適合種於高原平地，由於它產量多，品質好，所以雅美人非常喜歡，尤其計劃大的慶典、落成典禮、下水儀式等，更為重要。

雅美婦女種植時，他們選擇品種好的，然後一捆一捆地綁著放在水田內隔著幾天，等它發芽生根後才播種。另外一種，開拓之園地灌水後的第三天，才可以種下這芋頭。它是種在水田之中央部份，也有種在泉水之水田，但要土質好，否則，效果不良。播種這芋頭是一門學問。如果需要大果實，間隔距離要寬，而且生枝時，全部切除掉不留。另外要量多，播種時，兩根芋苗合併在一起種下，或是間隔距離稍微密一點，方能為佳。剛播種的芋苗，不可以放多量水，以免會淹死芋苗。芋頭種下後，水放少一點。三個月後不斷去看，如果枯死的，換

●幫忙開墾芋田。

新苗。田埂上雜草多了，就要除掉。另外一種方法，如果果實生了七、八片葉子時，就不要放水，讓泥漿乾裂，葉柄拾幾片後，放適度的水，這樣成長率高，非常茂盛，且根部很粗。芋頭一年以後，可以放大量的水，以利芋頭根部的發育良好，田內的雜草及不必要的青苔全部清除。生枝時，不可以馬上切掉，三個月或老化之後，進行切除芋枝的工作，切枝時，浮淺或近根部的枝一律切除，僅留下離根部遠的枝子，且往下壓，使它結出更大的果實。清理過程中，工作者將每一根芋頭的果實清理乾淨，黃了的葉子及腐爛的柄根一律清除。但是有的部落不需要這樣做，甚至將除過雜草放在田內，據他們說，是一種施肥的方法。果實露出水面時，如有腐爛的芋頭，全部除掉換新苗，使芋田內不會有缺空的地方。一塊完好的芋頭田，田間的芋頭密密麻麻的，不會有缺陷的部份，腳是無法踏進田內，農夫看了，心想，管理到家，滿面喜悅。

卡拉如的種植與管理　這種芋頭種植的方法是這樣的，雅美族通常把它種在高原地方。它

●芋田開墾。

比較適合如此的土壤與氣候。另外在平原的田園，只把它種在四周圍。因它性喜生於乾燥的土壤裏。此外，新開拓的水道旁之田園，也是最適合種它。溪水邊的梯田也是可以種植卡拉如。這種芋頭有兩種，多枝與無枝。後者，本族較喜歡。在成長中多枝的會影響主根部細小，無枝的，主根部繼續長大。另外又有新品種，顏色是白色的，從椰油部落發現，品質很好，處理的方法也是和前者同。一般來說，通常雅美婦女清理時，切除與主根部接近的枝子，留下以外的。切除方法，不可以連小果實切掉，以免招致主根部腐爛，只切掉葉柄。在別的部落，所切除的葉柄放在田內作為肥料。卡拉如這種芋頭比較早成熟，在一年後就可以採來食用。挖了又再種下新苗，如此地輪種，使它年年不絕地供本族人食用。

無範的種植與管理　這種芋頭是白色的，繁殖率不高，一般雅美婦女們，都把它種在水道旁或角邊，不適合種在泥漿多的芋田，以防絕種之虞。生枝子之後，接近主根部者，一律將之切掉，僅留下以外生的枝子，大約三個月處理一次。這種芋頭也是快熟品種之一，家庭人口多的人家，多種植它來補充食物不足。

巴都恩的種植與管理　一般來說，這種芋頭雖然果實不大，但耐風。東北季風吹襲下仍然直立不搖，又適合生長於貧瘠田地，具有多方的優點。本族了解它的特性，於是把它種在不毛之地的水田內，在那兒照常茂盛地成長。處理的方法是在這芋頭種後第三個月，就可以清理除草，到了它生枝之後，把不必要的節外生枝切掉及近在根部的全部切除，以免造成不良成長，過於熟黃及腐爛的葉柄要清掉。但是這種清理方法在其他部落不同，如野銀、朗島等，因為此二地水源充足、土壤肥沃。

米拉卡叔里的種植與管理　雅美族了解它的特性，把它種在半乾燥地方，如水田的四周圍，也有些人把它種在泉水的芋田，使它果實完好粗大，它也可種在旱田內。這種芋頭較為早熟，所以本族人很快地採收它。但種在泉水的，可放幾年不挖，因為它不會腐爛，且長出青苔，有古色古香的風味。

無比努大拉哥的種植與管理　這種芋頭是最

早的一種，通常雅美人把它種在泉水邊或泉水水田。這種芋頭在流泉水的地方生長。放越久果實越大越蒼老，且外皮包了一層青苔痣，讓人欣賞倍至。這芋頭種了三個月後，就開始除草。一年後生枝子時，將淺淺的、接近根部的一律切除，只留下一兩根枝配襯「根部」。有些人全都切除枝子，以免影響主根部的成長，枯黃的葉柄也要清理乾淨。到了四、五年後，果實露出土面三、四公分，成長快的不限，且外皮生有青苔，這時，使用石頭蹲扶著它才不會倒下，讓它繼續長大，直到採用為止。

卡那都的種植與管理 這芋頭最適合種在斜坡之冒水處，種在水田內會變質，不能食用，更不能種在旱田內。種下之後，如生了雜草要清除，一年後生枝子，不必要的部份切除。果實露出來後，用石頭蹲扶著，以免風吹倒下，六年後，已經成熟，拜拜時，可以採用。

烏日阿努旨旨的種植與管理 這芋頭是引進的一種。若種在不良的環境及土壤裏，就會發育不良，因而雅美人把它種在冒泉水的水田，除了以上之外，還可種在半乾燥的田邊。管理的方法則是當它生枝時，靠近根部的枝子，全部切掉，以外均留著，如此使根部越長越大，雜草叢生拔掉。泉水的地方，它的根部用石頭蹲扶著，使它慢慢長大。

雅美人對芋頭種植與管理是非常重視，因為這過程關係生活、生計，更重要的是在舉行慶典時做為食用與餽贈的禮芋。

地瓜種類與種植管理

地瓜是雅美族日常生活最主要的食物之一，通常用來補充芋頭生產的不足，以雅美族生活史觀來說，貧窮人家的支持者，便是地瓜。

遠古的雅美社會文化是封建制度的社會型態。在這種生活方式裏，往往好吃懶做的人，即成為貧窮人家，相反的，肯勤勞節約的人，在這種的社會制度裏，是個富裕人家。當時，肯勤勞人家有足足有餘的食物吃，而那些好吃懶做的人，把財產「黃金、銀子、水田」等等變賣來換食物吃，以致造成他們的貧窮。

現在與以前的農耕方式不同了，大家都有文明的工具上山耕種，以前僅用一根鐵條挖土，怎麼有很好的收穫，而現在的雅美人都有地瓜、芋頭等，吃都吃不完甚至有剩餘的，這些都拿去餵豬，生活比以前好多了。

地瓜的種類　一、紅皮的Idenden，二、紅皮的Angkoimo，三、紅皮的Wakayjiteywan，四、白皮的Movongsovonong，五、白皮的Kalango，六、白皮的Wakaynoimanira，七、白皮的Jipjip，八、白皮的Wakaynotawdoto，九、白皮的Mazisazisang，十、白皮的Wakaynobaka，十一、白皮的Wakaynoyayo，十二、白皮的Wakaynoirammile等十二種。雅美人視其品種優良及氣候環境的忍耐而選定幾種作為永久的農作物，而品種差的及不適環境者都一一地被淘汰。

種植地瓜的時間　通常是卡夏曼(Kasiyaman)，為國曆二月份，另外是十、十一月份。第二期巴巴到(Papataw)，為國曆五月份，作為冬季寒風之食物。種植地瓜的時間選擇，受到文化及自然環境之因素影響。

種植與管理的方法　遠在遠古時代，雅美人沒有農耕工具之器材，僅以硬木代替，將土壤挖鬆一團一團，然後利用下雨天氣種植地瓜苗，但沒下半點雨不在此限。而目前雅美族的工具很普遍，家家戶戶有鋤頭、鐵棍、鐮刀等工具，不但工作方便，且能開拓更廣的田園。本族開拓一塊地瓜園，先將山區或平地之雜草用火燒盡，使一片土地變成不毛之地。在遠古時代，則利用木棒往草叢裏亂打，待乾枯後，清除或火燒。之後，將未燒盡之樹頭、枝等等清除，然後挖鬆土壤。斜坡地採用一團一團挖鬆，平地則整塊挖鬆。種瓜苗是一門學問，不瞭解的人往往欠收，相反地擁有這門知識者則收穫豐富。種苗前，選地瓜苗，上品的，不論是白、紅色的，只要葉莖部份的節密；劣質的則寬而粗大。選好後，就開始種下泥土。如果是雨天種，很快地發芽生根。田園大要三、四天的播種時間，小的則需要一、兩天才完成。古時候的雅美人，完成這份工作，他們都會在自家舉行小小的宴食會，讓自己在困苦中，得到身心快樂。但是，現在的雅美人，因文明文化的刺激，這種生活插曲的文化便消失了。

種下的地瓜，大約過了一個多月之後，雅美

人就利用好天氣來除草，使除去的雜草盡快枯萎乾掉，日光可幫助農夫除草。平地的田園，通常採取整地挖鬆土壤方式，使雜草連根拔起不易再生。除草中每一株在地瓜的根部，用土覆蓋，叫培土。經過除草的地瓜園，地瓜是突飛猛進地成長。又過了一個多月後，地瓜旁邊又會生出雜草，這時，進行第二次的除草工作，地瓜經二次整理除草，它的葉柄茂盛地覆蓋在泥土，莖部延伸到其他株的根部。這時，地瓜果實已經長成如孩子手之大。又過了幾個月，又進行第三次的除草工作，成長好的地瓜，會把泥土隆起破裂，手指插入，便可摸到地瓜。農夫看了很高興，想著，勞力沒有白費。以後的日子是採收，採收期間，還是需要除草，但沒有以前次數多。以上是本族種植地瓜的過程，看起來很簡單，不過，在缺乏農具的社會裏，是非常困難的勞務工作。

山葯Ovi的種類與種植管理

雅美人吃的山葯大部份為引進，僅少數是原有產品。遠在日治時代為多，其次民國。原產的幾種，經多年培養後，繁殖很快分佈在六個部落內，成為本族冬季最佳食物。於種植過程中需要耐力與知識，方能收穫豐盛。尤其選擇園地、自然環境也有影響，兩者並重為好。至於種植與管理也很重要，因它能影響收穫之多寡。

山葯的種類與來源　一、米尼馬馬尤Miney-mamayo，二、比給蘭Pigilan，三、卡卡嫩努目娥旨Kakanemonged，四、古日殺給斯Kozsakis，五、馬日阿尹Marengai，六、馬不吾斯所無吾Mapohossoho，七、米尼馬卡拉斯Mineynagalas，八、吾非努蓋可更Ovino-kaygng，九、吾非尼色日卡哥Ovinisezgag，十、吾非尼雅如將Oviniyanzocing，十一、吾非尼眼馬香Oviniyanmasing，十二、如馬故Romako，十三、如國如古Rogorog，十四、巴旦Patan等十四種，其中的五種是日治時代引進的，有七種是原地出產，有二種是菲律賓群島引進。

山葯的種植與管理　這份工作在雅美人的勞務上是非常特殊的一環。剛從事種植山葯的人，常遭受欠收惡運，所以很多人都向經驗豐富的人學習，來增加自己的常識。

山藥種植時間是在冬末春初，為雅美人的月份Kasiyaman至Pikokaod，國曆的二—三月份，最慢不得超過四月份，也不可以太早，因為山藥苗會被老鼠挖吃掉。

種植過程，首先選定地點或土壤好的地方，一般人都是選擇垮下來的泥土作為他們的園地。因為這種地方土壤很鬆，可使山藥粗大無缺。選好地點後，先將小樹枝砍光清理，然後砍倒大樹將樹枝清除。一切完成後，開始挖洞種山藥苗，挖完就開始種，種的方法，先將品種好的種在下方叫Seyranna，較差的種在Sokdowanna。如果田內縱式木頭少，再加一些，讓山藥藤爬著，如沒有帶鐵棍挖土，可砍堅硬的木頭代替。內有小樹頭務必拔掉，使泥土更鬆。

山藥苗種完後，先採取咒詛經儀式，拿咒祭「藤圈」打個圈掛在木棍上，也就是辟邪。另外採姑婆芋切成小片撒在田內，為防範老鼠偷吃山藥苗，姑婆芋能教訓老鼠不得越雷池一步。最後的工作是田園陽光充足，將田外五公尺內的樹全部砍倒，四面八方都是，讓陽光充滿，也就是風調雨順。山藥多的人家，可有五、六塊的園地。

山藥大約種了一個月後，就開始除草。這時，看自己所開的田園是屬於那一種，而進行除草工作。如尹努恩旨剛放耕不久之意，雜草快生，不易除掉。如卡端是土地放了很久之意，雜草很慢長出，甚至三個月不除草都行。這時很慢長的山藥，還沒破土生長。但有的長出二、三十公分長了。再過一個月後又第二次除草，這時，山藥藤蔓散到木頭上了，全部的山藥都已經長出來了。經過三、四次的除草，葉柄非常茂盛，成長好的，會開出花來，且根部長刺。到了卡了曼(Kaneman)，國曆十一月份時，它的葉子就開始熟黃落葉，這時，地下的塊根「山藥」已經長大了，等著人們採收了。

山芋的種類與種植管理

山芋，雅美話叫Vezannodede，它是日治時代引進的食物，在本族人的生活裏是很重要的，除了當日常生活中的食物外，還可以用在慶典之宴食及招待客人和工人的最佳食物，也是冬天過冬的農作物。

山芋的種類　一、弗拉努旨旨Vezan-nodede，顏色淺咖啡色，此有兩種，一種是粗大，另一種是長而細。二、米法拉弗拉努旨旨Mivalavezandede。後者是紅色山芋，在本族的生活裏較為少用，也不太喜歡吃，因而沒有大量地生產它。

種植與管理　根據雅美人的經濟文化，它是種在秋末冬初的時間十至十一月期間最佳，其他時間可種，但是效果欠佳。種植過程，選擇的地點先將樹蔭下的小樹、雜草、爬藤類等植物砍掉，僅留下大棵樹來遮蔽陽光，然後將泥土挖個坑，將芋苗塞下培土即可，直到種完園地止。另外種法是在地瓜園、山葯園等的周圍種植幾棵。前者為男人勞動，後者為女人所做的生產。山芋種後的第三個月開始除草。清理過的山芋迅速地長大，經三次除草後，山芋成林蔽天，非常茂盛、高大。一年以後，土面上層長出果實來，再放一、兩年就可以收成。以

●雅美婦女在芋田迎福。

上是山芋種植、管理的過程，這門學問是本族農夫必修的科目，使自己擁有這知識來照顧更多的人。

旱芋的種類與種植管理

旱芋在雅美族的日常生活中為少見的食物，原因是它在嚴酷的陽光下不易生存，容易乾枯，僅勤於種植它的人才能常享有，它是慶典宴食中的上品食物之一。

旱芋的種類　一、馬拉拉方阿米尼日一勞Malalavangainineyrilaw，白色的，二、馬法法俄恩阿米尼日一勞Mavavaengamineyrilaw，紫色的，三、米拉卡叔里Milakasoli，四、馬拉拉俄得阿米拉卡叔里Malalaetamilakasoli，五、馬拉拉哥大登Malalaktaten，六、里法斯Livas，七、阿其Aci等共七種。

旱芋種植與管理　種植時間，雅美人選定的月份，月名叫卡夏曼(Kasiyaman)和巴巴到(Papataw)，為國曆二、四月份為最佳。種植地點：旱芋非是任何地方皆可種植，而是選擇離岸邊林投野地最好。本族選定這地方的原因只有一個，就是果實不會被蟲侵蝕而完整，其他地帶就不同了。

種植過程，一般來說，先將園地用火燒盡雜草，然後砍掉殘餘樹枝、林投、藤類等等，之

●祝賀芋頭茂盛。

後用鐵根挖小坑塞進芋苗，塡上三分之一的泥土，最佳距離相隔三、四十公分。一個月後，就要除草，大約每一月除草一次，使它很快地長大，經除草幾次之後，便變成一片綠油油的芋田。一年後，它的葉柄變黃枯萎了，土面上的果實隆起，這時，它已經成熟了，等待採收。

小米的種類與管理

小米的種類　一、弗洛哥Volok，二、里加油Zicyayo，三、拉浪阿Langa，四、阿日愛Aray，五、米不不Mibobo，六、米尼馬馬友阿卡旨阿尹Mineymamayoakadai，七、卡旨阿尹努旨俄旨俄Kadainodede等共七種。以上雅美人所吃小米的種類，雖然不多，但是都很喜歡。除了前三種是原產，其餘的是引進的品種。

小米的播種　雅美族播種小米有兩種方法，一、米哥卡俄Mikekae，二、馬兀無馬Mangoma。前者為各個家庭於播種時一到，婦女們就開始將地瓜全部挖掉，準備種小米，後者是一個家族集體開拓米田來種小米，或整個部落全體。播種時間是卡比端(Kapitowan)，為國曆十二月份，後山部落的雅美人在卡夏曼，國曆二月份播種。原因是當地卡比端時，吹正面的東北季風，寒風交加，使小米不易成長。

播種過程，就家庭方面說，當婦女們在卡曼(Kaneman)國曆十一月份挖完地瓜後，就選定吉日來播種小米，於是抽出幾把小米放在竹盒(Kazapaz)，然後拿一塊石頭用手慢慢抽，抽完後打去糙殼，剩下是小米種子，然後盛在椰子罐(Royoi)內。之後上山到田園內將乾枯的地瓜藤堆起用火燒，冷卻之後，開始播種。撒種是一門學問，不是人人都能過關的課程，如園地是斜坡，就採取輕撒方式，但要注意手中握的小米，該放出多少，心中有數，不可以握太多的小米，以免落地不良，少許為佳，也要注意風速，造成單調的後果。如是平地，依正常腳步前進撒種，也要注意以上幾點要領，播種完畢之後，馬上回家，不可以做垂頭喪氣的事，如除草、加工木料等等其他的事，以免招來不利的後果。

世系群團體生產小米，雅美語叫Mangoma，這個小米生產組織，內有一個指揮官，統領該組的一切計劃進行，在他們還沒有進行工作之前，他先召集家族長老討論如何生產小米。大家無異議之後，就開始動工了。他們播種小米的方式是這樣的，由家族長老召集所有有能力工作的男女討論明天的事。第二天，大家都帶著鐮刀、斧頭等到族長的家集合。大家都到齊了以後，由家族長老領路，在道路上大排長龍地上山。雅美族每一個家族都有他們的不動產地，供該家族使用，不得一人擅自利用。他們到達園地，族長分配工作後，開始砍草、樹等，如雜草茂密叢生，即用火燒，他們在開拓園地時，族長派幾個年輕人去捕魚，回家後，大家分享。雖然辛苦一天，但是回家有魚肉吃得飽。如果所開的園地很廣，則需要一個月的工作天才能完成。小米園田不須挖土，地上清除乾淨就可播種。同樣地，大團體生產小米，播種時間也是選擇本族的吉利日，雅美話叫比亞伐伯(Piyaeep)。播種方式如前述一般，務必熟練要領，也不可以做破壞好運的禁忌工作，而直接地回家。在團體生產農作物時，是由經驗豐富的人擔任播種工作，並非普通人能做，以免招來歉收之惡運。

當小米發芽成長後，還沒長出五片小葉之前，絕不可以進行除草工作，以免傷了它不結實的葉柄而枯萎。過了以後，族長派人觀察園地，得知雜草繁多了，便招來該族人員商議工作。日子訂好後，那天大家準備便當、工具等在族長家集合，人員到齊，族長就領路上山。到達田邊時，把便當掛在一起，然後一齊下田開始除草。如園地廣大，需要花四、五天的時間才能完成。每一次去除草，每戶一定委派一人參加，也須帶便當。工作時，到了中午，他們一起圍坐吃便當，吃飯時，如便當內有豬肉片、小米等，在還沒進餐前，弄一點給魔鬼吃，讓它們協助凡人做事，使得工作很快就完成，並且也會照顧小米的成長，不讓病蟲侵害。除過草的小米幾天後迅速長大，尤其管理好的，比較疏稀，會有綠油油的葉子。小米長大以後，就不再需要管理，只等著熟黃收割。全體成員，在小米未成熟前，大家都要遵守小米生產規則，並勸導犯規的人，不要再做出不吉利的事。

第三節 農作物的收成與貯存

雅美族的經濟文化中，
專為貯存小米特設倉庫，
當採收小米的時刻到來，
男女皆著盛裝來到田中，
進行驅趕惡靈的儀式之后，
一面進行採收，
一面唱出美妙的歌，
氣氛隆重而熱鬧……

雅美族之經濟文化中，除了專為小米特別設倉庫之外，對其他食物的貯存卻沒有。原因有兩種：一、沒有良好的設備器材來興建貯存室。二、本族的特殊文化所致。前者因本族無科學文明知識，所以無法處理農作物，此為次要因素。後者因素影響較深，因本族對農作物的貯存觀念是這樣的，芋頭在三年內即可收成，但是，因為本族長期生活，所以將其他芋頭放在田裏不採，待用時，才把它挖來食用，因而採用輪番採集方式來貯存農作物。

芋頭的採集與貯存

雅美族對芋頭的採集與貯存，前面已說過，採集方式有兩種：一、慶典食用，二、日常生活。就前者說：如大船下水典禮、工作房、住屋、涼台等慶典活動，全部把芋頭挖掉來分贈予客人。後者，雖然芋頭已成熟，但是只採一日內的定量，因為要顧及長期生活，所以將大部份芋頭留於田內不挖，讓它繼續長大。如果芋頭放了太久，就要重新更換，將芋頭全部挖光換新芋苗，以上兩種方式在本族的物質生活內隨時應用，沒有專為芋頭貯存之設備。

地瓜的採集與貯存

雅美人對地瓜之收集與貯存，同樣地，也是放置於田內不挖，讓它繼續長大，等到要用時，再去挖一點回來吃，僅有招待客人及工人時，才大量地採收。為日常生活中食用，而採挖地瓜時，僅將露出土面的挖掉，留下土內較人的部份，以便拜拜備用。另外是放了很久，全部挖掉換新苗，使它有新陳代謝作用，使得雅美人天天有地瓜吃。

山葯的採集與貯存

雅美人採集山葯，也因應一般生活及慶典之用而有所不同。一般生活食用在普通的田園採集，後者則在較好的田園採收品質較佳者。

挖山葯的過程，雅美人挖山葯，不是到田園就開始挖，而是先做好精神文化才可以動工做事。如還沒挖之前，先砍幾根蘆葦莖(Sinasa)，做為打魔鬼的武器，然後往田內射去，其意思是驅走田內的邪靈，使能有很好的收穫。挖山藥的原則，不可以橫式地挖，要以縱式，也不可以從中央或上下方挖。如是從右邊挖，就按順序往左。如果挖的都是小的，不可怨言生氣，要忍耐、安靜，不可出聲，保有君子的風度。挖到定量時，就把它裝在網子或筐子裏，挖過的部份要做記號，如用木棍或蘆葦莖豎立即可。如果山藥要用在慶典或招待工人時，就要選擇較好的田園，且要大量地挖，足夠後，裝於籮筐背回家。

山芋的採集與貯存

山芋在一年以後，旁邊才會長出小果實。雅美人採收時，僅挖露出土面的山芋。粗大的主幹不可食用。成長好的，旁邊可生出十幾個山芋。放的越久不採收，生出的山芋越多。貯存法，與山藥相同，放置於土壤裏，等要用時，才挖幾個，同樣地，在慶典、招待工人時才大量地挖採。通常一般生活很少用，但在冬季寒風季節，它就扮演重要角色，因它不會被無情的東北季風吹倒。尤其饑荒期間，山芋是重要的維生食物，因此本族很喜歡它。

●雅美婦女採芋頭。

旱芋的採集與貯存

在雅美族的生活裏，除了勤於種植的人常用之外，一般人幾乎很少食用。它採集的時間有兩期：一、是在卡夏曼(Kasiyaman)的末期，二、是在巴巴到(Papataw)的初期。前者是十個人船組舉辦飛魚慶典活動所用的宴食，後者是個人在自家祭拜飛魚慶典所用的食物。它成熟可採收時，一次或幾次地挖，不再種新苗，也沒有貯存。除了如此在生活上應用之外，另外還有不定期的種植及採收，如開拓地瓜園，四周就種植幾棵的旱芋，也就不定期的採收食用，由於旱芋比任何芋頭好吃，所以本族把它用做慶典中的最佳宴食。

小米的採收與貯存

雅美族採收小米是最熱鬧的時刻，除了收割小米之外，還要唱出美妙的歌，使氣氛更隆重快樂。

小米採收的過程，當它還沒有完全熟黃時，其家人商量選訂吉利日，決定後，在那天「吉利日」由女人穿起禮裝，如仙女地帶一把小刀往小米田園去，到達田園時，首先砍幾根蘆葦莖(Sinasa)是用來驅走在小米田內邪靈，然後往田園內四周或中央丟去，趕去園內的邪靈。因為不這樣做，會招來歉收。之後，就開始收割成熟的小米，大約割了一小把後，就很快地回家，在家等她的先生已經準備好打米的工具，如臼子、筐子、打米器等。婦女到家時，就把割來的小米交給先生處理，之後先生就開始打米了，而太太在家不上山工作地等著吃Nitanam。在這一天，夫婦不可以上山工作。新米煮好後，盛在筐子(Kazapaz)內，一家人圍起來，右手握一根湯匙，人員到齊之後，父親先做贈鬼儀式，唸經，經語是這樣的：「阿昂愛卡目阿背，阿！阿不然那卡卡哥拉卯牛，阿！阿伯拉蛋牛雅們都巴妳喜不萬那門，Angay kamo apey ori a, apo rana o kakainnio, a apzatan nyo yamen。」他唸完後，開始吃小米。先由大人舀一次之後，按年齡大小舀小米吃，第二次時，就不再按年齡了。吃完，大家到涼台休息，洋溢的心情豪放在一陣陣吹來的南風中，使在涼台上，有說不盡的吉祥話。以上是自家收割小米之前的小小儀式，大團體生產小米之過程，則由族長派幾個人去割小米，回來由族裏的男人打。這回與個人家庭不同，因為十幾個人吃的量要比個人來得多。同樣地小米煮好後，通知族內大大小小來吃。進食時，要注意前輩先取，後輩後取小米吃。團體人多可分成幾盆，大家圍起來蹲著吃。未入口之前，族長先取一點贈於魔鬼，讓它們也得分享，使魔鬼更高興地報恩，所謂的報恩就是魔鬼保護米田，不讓老鼠偷吃，使他們豐收。他們吃完後就到涼台乘涼，說說往後的工作，大家很快樂地聚在一起。

到了第二天，他們就開始正式割小米。婦女在還沒有出門之前，首先在家裝扮自己如仙女般，男人也一樣穿上禮服，手帶手環，頭上圍著白或紅色布條。並且戴上禮帽（Tavaos，男女皆可戴）穿著上下禮服(Miniozitan)，手上帶銀環(Mipacinoken)，腳足上也掛紅、綠珠寶（Mikaliyaliwannoai），背掛避光墊(Misinatait)，如參加盛大的宴會，不論是個人或團體的，每個人參加收割小米都是這樣的裝扮自己。所帶的工具有割小米刀、林投繩、網袋、便當等。出門時，家庭方面由太太領路，先生在後跟著。家族方面，由族長領路其他在後跟隨，大排長龍地走上羊腸小路，浩浩蕩蕩地越過原野。他們到達田園，不可以馬上工作，先把便當掛在一起，有的去砍蘆葦莖(Sinasa)，然後往小米田內丟去，其意是趕走邪靈，之後，就開始工作收割成熟小米。收割的方法是將小果實的小米，只取上端部份，大果實則連幹子一起拔下，這叫Nibotbot。收割者要唱出歌來，使現場更熱鬧響鳴，叫Miraoraot。在工作中，互相協助，有的割，有的捆綁，有的把已割的小米集中在一起。到了中午，他們吃便當，吃不完的地瓜、芋頭皮等等集中在一起帶回家，不得留在田中或隨地丟棄，引得老鼠啃光正熟的小米。到了下午背著收割的小米回家，這時，不像出門時有序，只要小米快快到家。

小米到家又是一件很重要的工作，小米的好、壞，受到處理過程中的因素影響。當小米到家後，個人方面，把小米曬在涼台上或屋頂及魚架上。有的人家搭一個架子專放小米日曬。家族方面，因小米量多，他們便搭起架子，將所有收割的小米集中地曬著。每到黃昏，有十幾個人將小米收割到倉庫(Alilin)內。第二天又搬出來曬，大家合力協助，使工作很快完成。就這樣的輪番日曬小米直到很乾為止，因為曬得很乾，小米就很好，曬不乾將會壞掉生蟲。接下的工作是捆綁小米(Asapicik)，這份工作是將小米分成四等級，一等是連根拔起的小米，二等大的，三等中的，四等最小。雅美人的分類方法是合於文化精神，如特號的小米不贈於別人，為自己所有，大號的贈貴賓或長輩，中號贈於朋友、平輩、小輩等，小號不贈於人，而作為家用。捆綁好後，就貯存於倉庫。開始捆綁的那一天，不論是家族團體或個人家庭，都要舉行小小儀式。也一樣贈於魔鬼，使他們增多小米。雅美人如此區分層級的方式，為其於本族社會階層之面面觀。家族方面的，小米綁好後，就在族長家舉行小小慶典。到了豐年祭舉行舞祭Mivaci do piyavean，又將放在倉庫的小米搬出來展示，舉行「打米舞活動」(Mivaci)，之後就大家分配。個人把自己的份拿回家去貯存。雅美人貯存小米的地方有一、屋內貯藏室(Ciniyaciyang)，二、工作房設倉庫(Cineytay)，三、小米倉庫(Alilin)等處。

第四節　農作物的食用方法

農作物的食用，
在日常生活及不同的季節慶典，
而有不同方式。
食具亦有一定用法，
並有應守的禁忌，
長幼尊卑之序被嚴謹地遵守。
充分表露出雅美的精神文化。

本族對於農作物的吃法有很多種，在不同的情況下，採用不同的方式。尤其在飛魚季中最特別，也根據文化結構而行。在時間方面，也很清楚地區分，如山葯它不可以在飛魚季節中吃，僅在冬、春兩季可食用。用具、食用方面，也是如此，有一定用法。煮法很簡單，不含色素與調味料，有的單一清水煮即可。吃法也是不同，在不同季節，也有不同吃法。在精神文化上也如此，如「剛加入船組」(Maciyavat)之男人，他不可以用刀削地瓜的皮、芋頭等等。新米中的塊狀小米(Take no kadai)，小孩子不能吃，只有大人才可以。尤其懷孕者最為特別。以上許許多多的飲食規則，是遠古時代的雅美人所建立的文化，一代一代地接下去直到如今。

芋頭的吃法

雅美人吃芋頭有三種吃法：一、完整吃，二、削皮吃，三、搗漿吃等。這三種不同的吃法，就在不同時間應用。

完整吃，是每日一餐的吃法，吃法是這樣的：本於視其家庭成員之多寡而定出一餐的份量，（家人多叫Kanen no mipalavin，少的叫Kanennomivo）。煮時，婦女按這樣的定量將芋頭盛在盆內(Vagato)，還沒入鍋時，先將豬吃的部份叫Nita墊在鍋底，然後放下芋頭。下芋頭者要有常識，一般作法是這樣的，先下小塊的，而大塊的放在上面，為的是家中的年老父母親，中午餓了，取出來給他們吃，以示孝心。放好後，用姑婆芋葉(Raon)蓋上鍋子的口徑，然後生火。在還沒生火之前要放三分之二的水，大約煮一個多小時，如果掀開蓋子，見那芋頭破裂的部份是白色的，這證明還沒煮熟，須再繼續煮，過後，再看，如果肉質變紫色表示已經煮熟了。可把火熄滅，將火梗取出外放著。擔任這份工作者，到了中午以後，把煮好的芋頭取出來剝皮放在盆內，在鍋子裏還留下三分之一作為晚餐用。作好的芋頭放在巴酒巴旦(Pasapatan)，等待家人回來一起用餐。

削皮的吃法，通常是用來招待客人或先生出海捕魚及特別用餐等，視為次等宴食。吃法，將一定量的芋頭削去外皮切成兩塊，加六分之五的水量，如加幾片豬肉乾(Taroi)更可口美味。煮這種特別餐，是使用家畜用的鍋子(Viviniyayan)，通常在家畜罩子裏煮。

搗漿的吃法，這種吃法，通常是用來招待先生出海捕魚及客人、工人、慶典、大工等。所謂大工就是先生伐木、開拓水道、田園等。這種吃法叫Mangmay。如配襯著烤豬肉乾(Taroi)更顯出芋糕(Nimay)的風味，使人垂涎三尺。做法是這樣的，採做芋糕的，不可拿太老的，果實剛露土面的最佳，然後削去外皮切成小塊小塊，入鍋加水少許。煮熟後，取出一點水量，然後用木棒(Kakao)搗碎，過乾加一點水。搗成漿以後，就撈放在盤內(Lalig)，將烤豬肉乾附上，蓋放著等先生回來端上。如還沒回來就放著等待他。另外是慶典時候的吃法，與前面沒兩樣，只不過要量多且大一點，煮法也完全一樣。雅美人將這三種吃法都運用在生活上，因而代代相傳。

●現代婦女為先生搗芋糕。

地瓜的吃法

地瓜的吃法在雅美族的一般生活上，與芋頭完全相同。僅加水方面須放二分之一的水量，且煮的時間較短，因為它很快就煮熟。要了解它是否煮熟了，可用叉子插入，如叉子深入就證明煮熟了。地瓜下鍋，如果有大塊的，便切成兩半，以防地瓜不熟。同樣的，家中有老年的父母親，多放些較大的，供他們中午餓了取出幾塊來吃，以示孝順。當天負責煮飯的，到了中午，自行做剝皮工作，做好放在一定的地方，以便家人回來取用，以上是一般生活方式。

在特別用餐方面的吃法，將大塊地瓜削去外皮，之後切兩半下鍋，後加二分一的水，放下幾片豬肉乾（Taroi）一起煮，這叫Cinatipan。這種吃法是通常用來招待男人下海捕魚、做大工、招待客人、工人等，也可做為日常生活的一餐。

另外一種吃法是地瓜漿，將地瓜削皮後，切成小塊小塊放入鍋中煮，煮熟了取出少量水，然後用木棒（Kakao）搗爛成漿，以適度的水量加些，稍微冷却後，即可食用。這種吃法在本族的生活中常為點心，及招待工人、客人、男人下海捕魚的最佳食物。雅美語叫尹那弗上（Inavosang）。

山芋的吃法

本族人吃山芋，也與地瓜、芋頭相同，不同處是它適合於冬天的食物。有的人家在寒冷天氣裏，單獨食用山芋，而未配上其他菜。它也可以削皮食用，但只限於特別日子。

山芋的煮法，與芋頭或其他食物同。可多一點水，讓它浸在水裏，煮起來比較好吃。山芋的主幹不能吃，只拿來餵豬。較大的山芋都是用做慶典宴食、招待工人、客人等，小的部份則用在日常生活上。它是荒年期間的主角食物。

山葯的吃法

山葯的吃法，於雅美人的生活裏，僅是兩種方式：一、通常生活，二、慶典宴食等。在遠古以前的生活，早上沒有吃別的菜而單獨食用山葯，雅美話叫Manodon so ovi，有時中、晚餐亦可如此做，不過，僅在寒冷的天氣裏。在節日中，則採取較大的山葯，作為慶典的宴食。不論是在自己的家庭或是團體慶典，都是一樣採取大而好的山葯。另外山葯也是用來招待工人、客人的最佳食物。山葯煮的方法是這樣的，首先鍋子底部墊些豬吃較小而差的，第二層放品質較好的，如米尼馬馬尤(Miney-mamayo)，馬不吾斯所無吾(Mapohos soono)，古日殺給斯(Kozsakis)，比給蘭(Pigilan)等等。上層是澱粉差的，之後加三分之二的適當水量，大約煮一個多小時後，就煮熟了。山葯也是冬季的主要食物，有七個月的時間食用，從雅美人月曆卡里曼(Kaliman)到春季比卡無卡吾旨(Pikokaod)為止。

旱芋的吃法

在本族的慶典活動，最佳宴食是旱芋。所以雅美人種植它時，配合飛魚慶典。由於它生長在沒有水的土壤裏，所以吃法不同，除了勤於耕種者外，一般人在日常生活中很少食用它。最常食用的時間是在飛魚祭，其次在飛魚終食祭。吃法有兩種：一、日常生活食用，就完整一塊一塊地煮起來吃；二、於慶典特別食用，則是削去外皮，用來招待客人。煮法與其他食物相同。

小米的吃法

雅美人吃小米是有特別意義。有人看到某家打米，他們務必打聽為什麼要吃小米的原因，如家中有很多魚干要貯存，得要舉行小小慶典，也得要打小米作為宴食佳品。家有病人，為讓他要好轉，得打小米吃，獻贈於魔鬼，讓祂們很高興地吃到最好食物，發出博愛的心去

●煮小米，先量水再燒。

治療病人，使病重的人很快地好轉。在荒年期間，人們沒有飯吃，只有靠小米來充飢，才不致於倒下斃命。

打小米的方式，首先在偏僻的地方，搭架子來烘乾小米，架子做好後，放上要打的小米，之後，在底下生火來烘乾。意思是使小米很快地脫殼。十分乾燥後，取出一些用手碾碎，柄子除去放在一邊以便用，小米盛在筐子裏，然後放在臼子上，之後就開始打。大約打三次之後，就可完全脫殼，果實盛於筐子內。就這樣輪流地去打完其餘的部份，一直打到完為止。小米打完後，如加染炭粉，叫Vaengen，就把小米柄燒掉，留下黑炭段在小米內一起打，白色的小米就變成黑色了，之後收拾工具放在一定的地方。

煮小米的方法，本族煮小米有三種：一、尼烏鍋哥(Niogoge)，二、尼賣(Niomay)，三、尼不哇哥(Nipowak)等。前者說，如果開水滾了以後，舀出適當的水，然後下小米，之後蓋一、兩分鐘，就開始取木棒攪拌，覺得太乾，加適度水量。然後繼續攪拌，一直做到小米熟為止。煮熟了蓋著放，火梗取出。其二，也一樣水開了，舀出部份的水，然後下小米，乾了再加一點水，用木棒攪拌。小米還沒煮熟時，多蓋幾次不要常掀開。小米煮熟了盡量攪拌，火梗也取出，力量用盡三分後才休息。這時小米已呈七分乾，已經煮熟了。三、與前者相同，但舀出的水量為五分之三，之後下小米，水乾了開始攪拌，還沒煮熟的小米要拚老命地攪拌它，浹背的汗水成溪地流下不停，同樣地，還沒煮熟應蓋著繼續煮。如攪拌時感覺很輕鬆了，這表示已經煮熟了。但是，還是用力地攪拌它。之後就用木棒將小米分開在鍋子邊，為方便用刀切片容易，做完後就蓋起來放著備用。

吃小米時，大人坐前方，孩子正後方，圍成一圈。還沒有開動前，大人先弄一點給魔鬼，並說：「Angay kamo opey otia abo rana ikakadain nyo」其意思為「你們拿去吧！不要再要求什麼。」之後大人先舀一次，然後按年齡去取小米吃。但是以後的次數就不需按年齡了，但仍需表現規矩。

第五節 生產農作物的注意事項

在雅美的種植文化裏，作物生產前須行祈福儀式，勞務進行中則嚴守各項禁忌，農作物的相互饋贈，則是社交行為中重要一環，關係到個人社會地位及尊嚴。

雅美人在農作物生產、收成、貯存、吃法等各方面的過程中，均表現出許許多多精神文化內涵。如山葯不可以用火烤食，本族觀念上認為，燒了農作物會帶來不再成長的命運，不可能再繼續生存。至於小米收割時，取蘆葦柄驅鬼，表示祈求豐收，趕走歉收惡運，還有其他種種做法。

祈福儀式

在雅美族的生活裏，經濟文化是最重要的一環。農作物在還沒有生產之前，首先舉行向神求福的儀式，然後才進行勞務工作，而自己也遵守其他規定來配合祈福儀式。祈福時間，為雅美族月曆卡比端(Kapitouan)，國曆十二月份，及卡夏曼(Kasiyaman)，國曆二月份等。前者除了農作物的祈福，也一併為飼牧家畜「羊」而祈福。祈福者，穿上禮服，帶上銀環，然後前往牧羊山區。途中尋找一種植物叫Rahapang，並帶幾顆綠色珠寶(Mazaponay)，到達地點，喊叫自己的羊，羊群認出主人的聲音便跑去他那裏，主人一面餵牠們，一面唸經祈福，也用那植物Rahapang祝福，其主要之意，是使羊群廣泛繁殖分佈在這個島山「蘭嶼」，成為富裕人家。回到家之後，不可做任何禁忌的事，一整天待在家裏過吉祥日。

另外山葯也在這月舉行迎福祭(Miyoyon)，過程是這樣：男人背著一個籮筐，內有一塊石頭和一個山葯苗，然後上山到園地去，在園地裏將山葯苗種下，祝福說：「將妳種在泥土裏，希望妳茂盛遍野。」之後也將石頭放在那兒，並祝福說：「願妳所結的果實，如石塊般的纍纍滿地。」儀式做完後就回家。途中砍兩根聖樹「阿雲」(Ayon)，一根插在芋頭田內，另一根帶回家。到家後，把阿雲這聖樹種在家右邊(Papa)的空地上，祝賀說：「農業興隆，年年豐收。」之後在家好好過迎福佳日，不可做禁忌的工作。

芋頭迎福，時間是在雅美族月曆卡夏曼(Kasiyaman)，國曆的二月份。儀式過程各部落不同，但不過是大同小異。就朗島部落的迎福而言，他們在本族卡夏曼慶典的第二天舉行儀式。同樣的，行祭者務必是男人，須穿禮服，

●婦女在芋田迎福。

●婦女採芋回家途中。

頭戴銀盔、佩刀，並拿一隻雞前往芋頭田，最好選擇非從父親繼承而來的水田，而是自己新開的。到達田園後，開始殺活雞，以牠的血來迎福，且唸經說：「願田內芋頭茂盛，分享於萬人，年年豐盛。」之後回家處理聖雞。迎福節日那天，婦女們到芋頭田挖最好且最大的芋頭作為佳日的宴食。有家畜人家，在這一天一定殺豬、羊，其次是雞，最差者以魚干過節。殺羊、豬人家，餐前先把幾塊肉隨便撒在屋內、外，芋頭也一樣，表示自己有吃不完的農產品。在這一天，宴食不以分贈給懷孕者、巫婆等，免得招來惡運。他們在這一天大吃一頓。

紅頭部落的迎福儀式，不是「任何家族」(Keyteytetngean)所當得起的。在紅頭只有Siradoavak的家族，才能勝任這份神聖的迎福工作。行祭者，必須全副禮裝，如掛同心結金片，頭戴花冠銀盔，手帶銀環，右上佩刀，左手拿出一個椰子殼(Tataoi)，內盛三分之一的泉水，再取一種綠葉片，然後爬上屋頂。用聖水向四周方向唸經說：「願今年的氣候，如雅美語內的聖水無波地平靜。」然後用金片對地唸經說：「願地上尊重地接受生長的生物。」之後又依銀盔向四面八方迎福說：「願在四野的福份統統歸來。」最後用綠葉片對芋頭及生物唸經說：「願這島上的植物茂盛遮天，使萬物生氣蓬勃。」執行儀式完畢之後，在家好好過佳日，不做違忌之事。

雖然迎福儀式在雅美族的社會文化裏，各部落有不同處，不過是大同小異，其目標是一致的。

饋贈之禮

在本族的文化習俗裏，農作物相互饋贈是社交行為很重要的一環，它關係到個人社會行為及尊嚴。如有人把作物交際不當作一回事，就會遭到族人唾棄，視為文化大盲人。

地瓜、山葯、山芋、旱芋等等社會交際，在慶典中家有外客，「指的是別部落的親戚、朋友等」，可以贈送定量禮物予他們，不得超過規範，以免別人不接受。如果一般探訪的親戚、朋友們，要視他所帶來的禮物而定。如果是地瓜，可採地瓜、山芋來還禮，不得用芋頭，會產生誤會而疏遠或斷絕來往。卡比端時舉行的慶典，不管是何種農作物，僅以五塊為限，不得超過。落成典禮、下水慶典等慶祝活動，初交朋友還沒被邀請，只贈他三株有柄芋頭。另外較特別的是山葯贈出時，要留意頭部務必切掉，留在家裏作種，以免造成破財成窮。

芋頭的來往饋贈，在本族的社會交際觀念中是很重要的，它會使兩個要好的朋友成仇，不懂這常識的人，常會招致對方的排斥與不諒解。必須注意的事項有：一、家中有客人來訪沒帶禮物，這時，不可以芋頭贈給他，也不能送禮以免招來拒絕。二、來訪者所帶來的禮物是芋頭，送禮時，不可以多或大於他帶來的禮物，僅以相等還贈。三、慶典活動「下水典禮、落成典禮」，於來客作交際禮時，僅以三株有柄的芋頭為限，叫Pinatodan，不得超過。四、於部落慶典「卡比端，卡夏曼等」送禮給自己的兄弟、姊妹或親戚、朋友時，僅以五塊芋頭為限。

本族對於不同農作物之交際方式，視其社會層次地位來作等級的招待。有名望的人，不能

●芋頭的往來饋贈。

以較差的物品贈禮，非血統關係者得以相等互惠交際，血統關係者，得以不等級物品互惠。

在雅美族社會文化中，小米是與他人建立新關係的橋樑。由於它扮演著這種關係，所以極受本族的重視。

於大船下水、家屋、工作房、涼台的落成典禮時，家中客人若是個老人家，當主人的，就送他大把的小米，如是平輩或小輩層次，可贈他們中等的小米。另外，如來客的禮物是煮的小米，主人務必打小米來還報他。慶典活動中，被邀請的朋友、親戚多時，就打小米來招待他們。自己被親戚、朋友邀請，就送他們一把小米為禮物。

嚴守禁忌

尚未接受文明科學指導之前的雅美族經濟文化，富含濃厚的超自然精神，作物的種植生產在巫師指導下進行，如小米被病蟲害侵襲時，巫師常說，這是不聽附在我身上的神的勸告而遭致的現象。巫師就訂定許多的禁忌事項，規定本族人遵守，以使農作物的生長順利。

在芋頭種植方面，田內不可以放石灰或吐檳榔汁，會招來不毛之地的惡運而徒勞無功。另外不可以將芋頭烤在火裏，老人說：「如此，芋頭的靈魂會跑掉，造成枯萎的現象。」地瓜園內不可以放石灰，會遭到枯萎，也不能惡意招災，使地瓜遭到老鼠的侵襲。山葯方面，田內不可以放石灰，開拓的園地也不能燒，種苗「行咒詛祭」(Mamalikawag)，苗盛在木盆內，苗種完後，做十字號驅鬼等。小米方面，不可以將小米送給別人，但可以直接去播種在別人田內。播種小米者，回家後，不可以做禁忌事情，如除草、加工、修材料等。

總之，在遠古時代，完全聽從巫師的領導，他們領導雅美族生活走向自然文化環境裏。

第六節　小米文化的重要性

在雅美食的文化中，
小米的食取，
必須符合十九種情況，
其中有十二項類，
與族群的精神文化密不可分。

小米在雅美族的生活文化裏，是不可缺少的食物。不僅在物質文化上是很重要的，在精神文化上更為特殊。

小米的來源，傳說很早以前，誕生在Jipap-tok的人遷住在平原時，就發現了一種小米是黑色的。後來，各部落成立之後，又發現了三種，有薄咖啡色、黃色(Atay)，尖端分叉(Langa)等。到了現在又發現兩種小米，一、尖端粗而細(Mineymamayo a kadai)黑、黃色。二、黃色有鬚的小米(Mibohbo)等，最後是如串珠形的小米，從台灣引進來。這些不同的品種，在雅美族的社會裏，如血液循環，川流不息地生產著，不論是那一品種，雅美人都很喜歡。

小米在雅美族生活文化上的功能如下：

一、當雅美人拜拜時，前一天就打小米，作為宴食的上層食物，使慶典更隆重地有聲有色，具有高貴的品格。

二、有人幫助自己伐木、蓋房子、整地等工作，主人打小米做為他們的點心，充沛工人的力氣。

三、在Mipowapowag飛魚慶典舉行時，務必以小米為早餐，不可用其他食物。

四、在飛魚季中以小米為祭品，祝賀自己、太太及孩子們，在這一年當中平安無事。

五、在飛魚季中，為家畜、家禽的飼育，芋頭的種植等舉行祈福儀式，務必以小米為祭品。

六、在飛魚季中，祈求吉利於船內，大、小魚線、網袋等，都是以小米為主要祭物。

七、飛魚季中，小米可以換來祭血贖回平安。

八、招待客人最佳食物是小米。

九、喪家結束喪事，務必以小米辦畢。

十、荒年期間，靠著平日貯存的小米幫助一家人渡過生活關頭，才不致於傾家蕩產。

十一、房屋的落成，棟樑上務必拴一包小米(Tavtavak)迎吉。

十二、大船下水典禮時，迎吉福的祭品，務必以幾把小米為主。

十三、大工程完工後，以小米來慶祝一番。

十四、抓狐狸人家以小米送給魔鬼來討好他們，期望魔鬼能贈幾隻狐狸予他們。

十五、產後的婦女，先生務必打小米當每日三餐的食物。

十六、三個月嬰孩外遊(Ipiyoyaw)時，受訪人家的主人一定以小米送禮迎吉。

十七、打魚回來時，以小米招待點心為最佳。

十八、小米祭品，可以討好魔鬼，讓它不做壞事。

十九、人重病面臨死亡時，以小米贖回生命。

以上這十九項的小米功能，在整個雅美族的社會文化裏佔很重要的角色。所以雅美人對小米生產的規則，都非常的遵守，尤其播種之前，要求神保佑，使其豐收。在雅美人的社會中，小米可以換來水田、黃金、銀子、珠寶等等，尤其在荒年時期更為重要，可以致富。

由於以上小米的重要性，有的人家搭蓋小米倉庫叫Alilin，也有人家在住屋內設倉庫，及工作房設倉庫叫Cineytay，家家戶戶都貯存大量小米備用。吃小米雖然很簡單，但是，都有意義存在，須符合前述十九項情況才能食用。在雅美人的觀念上，小米的精神文化比物質文化更為重要，此十九項內，精神文化有十二項，物質文化僅七項。由此可見，雅美人在生活上，小米都用於精神文化造福自己及家庭，並擴及為社會團體謀福利。

●雅美人曬米之一。

第七節　豬的文化與特殊功能

雅美人殺豬有其特定意義。
嬰兒誕生可殺豬辟邪，
並為婦女產後最佳食物。
病重的人以殺豬來贖命，
祈求康復。
慶典佳日則殺豬獻祭，
主客共同分享難得的佳餚！

豬在雅美社會的重要性

在雅美族的飲食習慣中，豬是屬上等的食物。牠可以招來無窮福祉，又可以贖命，尤其是行祭最佳的禮品，古人說：「沒有豬人家，是為窮人之源。」因此，雅美人非常重視牠的存在。

通常雅美人殺豬都有其特定意義，第一，就人員來說：嬰兒的誕生儀式，有豬人家可以殺一條豬來辟邪及做為婦女產後的最佳食物。人病的嚴重時，有豬人家可以殺豬贖命，讓病人康復。第二，就慶典來說：每個月的慶典生日，有豬人家都會按月份佳日殺豬，並且分配給親戚、朋友及村子裏的居民，尤其在祭神的節日，有人殺豬獻祭，雅美人的天神，非常高興，祂會賜給某一部落福利、及保住他們的生命。另外房屋的落成、工作房的落成、大、小船的下水慶典，就必須殺更多的豬，且分配給全鄉六個部落的客人分享。第三，就招福來說：每年舉行飛魚慶典，都有殺豬，用豬血來呼喚海洋中的飛魚，同時也用來祝賀自己永遠幸福。如個人捕魚不吉利，就殺小豬消災。同樣的，飛魚不來，有豬人家動員全村的人推出十人大船，把豬划到外海殺了招呼飛魚歸來。另外特別的是，如冶製黃金、銀帽等，完成之後，一定殺豬來慶賀使用者及全家人安全。

豬的來源故事

很早以前，誕生在Jipaptck的人，過著遊牧生活時，就在Jiminakorang發現一隻母豬帶著一群小豬在那兒睡著，他們抓了一兩隻小豬帶回給祖父看，那時祖父就起名叫Kois，於是他們就把小豬養了，以後就在他們部落繁殖，然後傳到各部落了。

豬的飼養方法及種類

以前雅美人養豬是集體飼養，在一個特定的地方，用石頭壘牆，把個人所有的豬投入圈子內，個別搭蓋小草屋讓豬睡在裏面，到目前這種方式不見了。現在的雅美人個別用木條圍個圈，然後把豬放在裏面，這種方式比較容易使豬往外跑。至於飼養，每天只餵豬兩次，一、早上，二、下午，等於兩餐。平均養到一、兩百公斤需要三年的時間。甚至有的養到六、七年。飼料有地瓜、芋頭、魚骨、湯、山芋、薯、旱芋、人糞等。以前蘭嶼是看不到人糞的，都被豬吃了，一舉兩得，又乾淨，又可養豬。

至於目前所看到的豬，到處亂跑。原因有二：一、缺乏飼料，人手不足，只好放出來讓牠在野外吃東西。二、看到別人放出，自己也放出，他想只要不損壞農作物即可，這是以他理想的觀點為原則。

雅美族中，豬的種類不多，以前的豬只有一種，就是現在所看到的「迷你豬」，但有顏色的差別，有全白、黑白點、全黑三種顏色。目前的豬種有三種：一、原有的迷你豬，二、配種的豬，不像迷你豬，也不像進口的豬。三、進口的品種（大耳朵的豬），因飼養的方法，進口的品種豬也會改變他種，但也同樣的好吃。

雅美人吃豬的方法

雅美人吃豬，不是一個家庭吃的，而是要分給其他的人，所以殺豬以前都要準備很多的芋頭和地瓜等等，再邀請客人來，氣氛非常熱鬧，有說、有唱、有笑的，充滿了歡樂情趣。有人說，一條豬可以使很多的人建立良好關係，彼此關懷，使社會和諧。

接著談到雅美人殺豬的方法，將一隻豬拴好之後，幾個人抓著牠，一個人拿刀子殺，一個取血，最特別的是握住豬嘴的那個人。在特別場面上，握豬嘴的男人必須要有高度的耐力及一百五十磅的握棒力，否則會被人嘲笑，不自量力。如果你使豬叫不出聲音來，別人會高喊你讚！讚！讚！是多光彩啊！殺好豬後，接著用茅草燒，而燒豬也是一門學問，燒的太焦，不好處理，而胸部是燒焦最好，使肝部好生吃。燒好後沖水刮，使燒好的豬顯出金黃之顏色，好看又香，讓人流出口水來。

接著我們看看雅美人解豬的過程，在特別場面，擔任解豬工作的人，他必須具有相當的經驗，才能很快且順利的完成。如沒有經驗的人去擔任這份工作，兩個小時也割不斷一節的骨頭，你會受人嘲笑的。擔任解豬的人，必須先問明主人要採取何種方式。開始時用刀在豬背割一道直到豬鼻子，然後切斷頭部，直到肛門。再來就是取出腹部的外皮，然後切開兩邊的肉帶四隻腳，最後是取出內臟部份。頭部的處理，先切掉豬嘴的上下巴，然後開頭殼與下顎。兩邊豬肉的處理，全部取出四隻腳的骨頭，前隻腳的內骨刮去瘦肉切來生吃肉，腳部分給燒豬的人，整個一隻豬分解的清清楚楚，一點不含糊。

如果是大小船下水慶典及房屋、工作房、涼台等的落成，生肉就要切片。若是小慶儀式，則整個五花肉要拿去煮，煮熟以後才切片，差異在此。

接下來談豬肉的分配，擔任豬肉分配的工作人人都當得起，只是要求不能貪吃就是了，否則你會把肉邊切邊吃，結果客人分不到一點肉了。分配的每一份肉，都要有各部位，如一份禮肉內有五花肉一片、血一片、肺部一塊、腹肉一片、胃部一小塊、腸子一小塊等。每一份禮肉有分三級，一級禮肉為父母親、兄弟姊妹、叔父、姨媽、姪兒、姪女等，二級禮肉為表堂兄弟姊妹、朋友等，三級禮肉為一般客人及村子的人等。一級禮肉是頭部、腿部、內骨及四分之一的豬等。二級禮肉為手掌寬的五花肉等，三級禮肉為三隻手指大的五花肉等，以上是標準的禮肉分配法，但是如果豬多不在此限。

豬造成的問題

在以前的雅美社會裏，豬造成的問題很嚴重，會招來部落裏各派系的打鬥，造成流血事件。

在雅美社會裏造成的問題是讓人飢餓，豬沒有關好，跑出來吃別人的芋頭，讓別人沒飯吃。其次是衛生方面，到處都是豬糞，影響到部落環境衛生，會被人嘲笑說：沒有社會制度的部落。

吃豬肉的規則

雅美人吃豬肉也有規則，有的部份只有男人或女人可以吃，以及老人可以吃。在此說明一下有那些各別吃的肉：一、豬嘴只有男人可以吃，女人不能吃。二、豬腳有的部落小孩不能吃，只有老人可以吃。三、豬胰只有女人可以吃，男人不能吃。四、豬心只有男老人可以吃。五、豬尾巴，女人不能吃，只有男人可以吃。六、豬腦汁只有男老人可以吃。七、豬心房只有女人可以吃。八、豬腰骨只有男女老人可以吃。九、豬腹下部，只有男人可以吃，女人不可以吃。十、豬舌、喉部只有男人可以吃，女人不能吃。有家庭制度之人家，他們很遵守十條原則；沒有家庭制度，而且生活散漫人家就沒有遵守以上的規定。

豬肉不可以在當天煮的有豬嘴、豬腳、排骨、脂肪等，必須日曬。必須生吃的肉有豬腎臟、前腳內骨肉、豬肝、豬耳朵、豬腦汁等。不可以在當天吃的部份有豬脛骨、背脊骨、下顎骨、豬喉、豬腰骨、背脊肉、豬心房等，必須在第二天吃。

以前和現在的不同

我們從雅美人飼養的方法、吃法、種類、規則、及造成的問題看，以前與現在沒有很大的不同，但是不可否認的也有部份改了。如品種方面，以前很單純，只有迷你豬種，而現在增加了，且體型較大些。另外吃的方面，豬心本來是老人吃的，現在年青人也都吃了。現在所造成的問題，除了以前舊有的問題以外，目前到處遊盪的豬隻，因鄉內車子增多，也產生了交通問題。不過情形不嚴重，只見於漁人。

最特殊的一點，就是以前要拜拜，很不容易有豬可以殺。而現在就不然，只要有心來報答社會的恩典，有錢便可以買到豬來殺，也不需要再等三、六年的時間，才有豬可以殺來吃。現在拜拜很方便又容易，以上便是以前和現在最大的不同點。

第八節 雞在文化慶典中所扮演的角色

每年的飛魚季慶典，用雞血來辟邪並迎吉納福，換得滿載而歸的好運道。雞的食用則必須遵守特定禁忌，按照身份地位食取雞身各部，配合特有的文化內涵。

雞在雅美人的文化慶典是很重要的一環，牠在雅美人的觀念上，為迎福、納吉的最佳獻祭品。

雞在雅美文化慶典的角色

在每年的飛魚季慶典都要用雞來迎飛魚的來臨。用牠的血來辟邪，如在飛魚慶典中，男人用食指點祭血，然後，往灘頭上點石祝賀自己在魚季中不得病，安全歸帆，並避免其他事故災害發生，另外也祝自己直到白頭仍能夠參加類此盛大的慶祝活動，一直到子子孫孫。還有在巴巴到魚季釣飛魚時，如常下海捕魚每次都釣不到飛魚，就帶一隻活雞在海洋中迎吉。將雞的血滴在海面，贖回福氣，換得好運，得滿載而歸。

除了雞本身及其血能迎福納吉之外，牠的羽毛也有功能。如在飛魚季中，第一次下海捕魚時，就要在港口用雞毛來祝賀自己平安無事。出海的大船也是一樣，必須插幾隻雞毛在船邊，小船也不例外。釣大魚的魚線也同樣地綁一隻雞毛，便當也一樣，其意為祈求日日進食飽腹。另外在魚季中，做了些違反捕魚規則之事，出海以前，必須用雞毛驅除本身的邪靈。使自己清白無邪地出海捕魚，如此使運氣好轉。住的房子也同樣插上幾隻雞毛來辟邪。其意為防範季節性疾病的傳染，使一家成員在年內健康。做好的禮服，也同樣地，被穿者及製作者兩人必須前往穿流不息的河流辟邪，所使用之辟邪材料少不了幾根雞毛，將新庇之邪靈丟棄在流水之背脊上（Vokonoranom），讓流水帶走它到天涯。雞毛的特別意義，使人不得病及其他事故，如鳥可在空中自由飛翔地過個快樂的日子。

雅美人吃雞的方式

除了拜拜以外，不可有其他日子用雞餐，僅於飛魚慶典、統一大慶典、各個人家所舉行的小慶典等才殺雞祭祀、食用。吃法，先割脖子，將血盛在碗內，然後拔掉羽毛，拔完後在火裏烤，之後洗乾淨。下鍋前一定將各部位分解入鍋。雞的脂肪用軟芋頭葉、根一起綁著一團，煮好後，可將牠撈起，切在木盤上（Lalig）當點心吃，其味道極佳，俗語：「Jipakanisomo-tde，其意這食物特別好，孩子們可讓父母親享受一番。」雅美人與其他族吃雞之不同點，雞胸分為兩邊，一邊為母親專得，另一邊為丈夫、孩子們分享，雞腿內骨及大腿也是為母親，另一邊為父親、兒子所有，翅膀骨部份為女孩子，翅膀尖端部份、心臟，小孩子禁食，而與雞冠及雞尾部份為老人專用。雞脚、頭部為小孩子

●拜拜時，殺雞宴客。

的玩伴，不可列入分配之部份。煮食雞肉一定用專門燒家禽、畜之烹調用具。使用的食具如碗、盤也是專門盛用家禽畜之食具(ViViniyayan)，使用的刀也如此，以上食具禁止他用。

從上述得知，雅美人吃雞是必須遵守特定禁忌的，按照身份地位食取雞身各部，一點都不可含糊。

雅美族養雞的方法

古時候雅美人養雞只是副業，僅每戶養幾隻。通常搭蓋小雞屋，都在住屋的左右側(Papa)有的人家搭在家之附近空地上，也有的在工作房前面的屋簷(Pinasoklip)，自己選擇地方。餵雞通常都以地瓜、芋頭等等作為飼料，沒有專門的管理，有吃和沒吃都一樣，放牠出去到處跑尋找食物，為放任性的養法。到了黃昏時刻，那些在野外的雞，都能回到自己的屋內睡。雅美人怎樣去認識自己的雞，大都採割記號的方法，就是在雞冠上割去一塊，不管雞到那裏，就憑這記號認得自己的雞，因此不會被人家抓走。

現在由於生活的改進，文明文化之衝擊，雞肉不再是稀有的肉類了，想吃就跑去商店買雞，和以前的雅美人不同了。古時候的人，只有拜拜時，才可有雞肉吃，平常都看不到半塊雞肉。目前，雅美人養雞人家越來越少了，因為市面到處都有雞賣，買雞肉很方便，不需要再像以前養雞幾年，才有雞肉可吃。

吃雞肉方式，以前和現在不同了。現在人家用炒的，也有的切小塊小塊的，偶而幾戶人家採以前方法吃。如此，現在雅美人吃雞方法變了，原有的飲食文化精神也失去了。媽媽該得到的部份「雞肉」已經失去了，父親與孩子們也如此。在雞肉分配原則中所表現出的倫常秩序及特有文化內涵因而隱沒不彰。

為了父母與孩子之關係，得多採用本族吃雞文化，如此，方可迎來父母與孩子之親密和永遠快樂之福份。另外也保有自己的文化，雙管齊下，不是更好嗎！

3／雅美族的大船組織與團體生活

第一節 船組的起源與結構功能

各船組的成立，
為父系世系群體結合在一起，
組成一個堅強的漁撈團體，
做為雅美人經濟生活的重要組織。
初航的男人，
自船組成員身上
得到海上作業的知識，
有重大而需勞力的工作，
成員主動相互幫忙分享關懷。

雅美族居住在一個四面環海的小島上，採取農漁業的生活方式來維持生計。

本族以村落之區分組成一個小團體「船組」來維持海上作業生活，而造就出十人大船組織，從事海上撈魚的工作。其主要的目的，是照顧更多的雅美人，並建立和諧關懷的社會及團隊精神，進而達到本族和平共存、均富的生活境界。

船組的起源

早先，本族根本沒有船組的組織，自從魚神告訴通神便達MaMahad(此指男覡)的雅美人之後，才開始有各家族的船組成立。以後的人就照著這種組織來組成海上漁撈團體，延續至今。雅美族強調各船組的成立，為父系世系群體(Asasoinawan)，結合在一起組成一個堅強漁撈團體，這也就是經濟生活的組織方式之一。

船組的結構

大船組織的結構，由直系血親與旁系血親所組成的團體，是最堅強的組織，甚至可維持到四代。其次為祖宗世系(Asasoatnge)所組成的船組，如Siradoingato，是祖宗的後裔所組成的一個小團體，雖然各有各的家庭，親屬關係分隔了長久的時間，不過，這個祖宗團體的名稱，仍能組成一個小團體，不過，這種船組較鬆散，亦較容易解組。其三為綜合組成的一個船組，這個團體的組成，是因人數不足而召來其他的人加入他們的船組，這種組織的延續也不會長久。這種組織的結構，在本族「雅美族」的社會組織是非常重要的一環。

另外，如果有一個團體超過十個人時，其餘的人，可以作為後補船員，如父系世系群超數，他們可以分成兩組的船組，這船組的命運也會長久，而且功能極高。

船組的功能

雅美族為什麼要組隊在海上作業？主要的目的，就個人而言，他能得到海上作業的知識，如氣候、漁場、風浪、海流、沿岸狀況、海上求生等等，可讓初航的男人得到更多海上作業

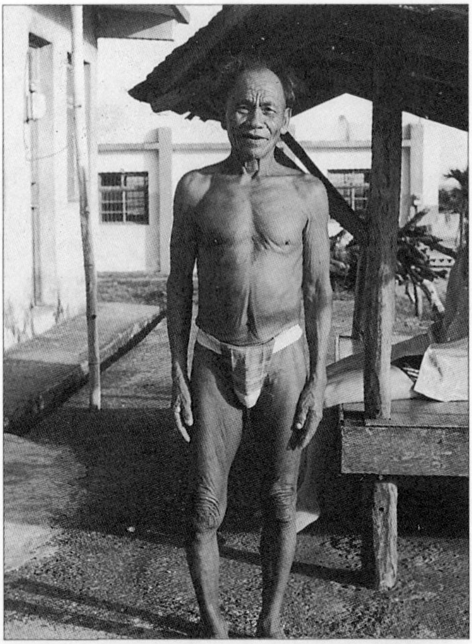

●十人船組之後補船員。

●潛海網魚。

的知識。在家庭方面，則能使每一成員的家庭帶來無限幸福及關懷。如某一位船員家庭有重大而需勞力的工作，這群船員會主動的幫助他完成艱苦的工作。另外，只要是船組之一員，即能分享他們的關懷，如遭遇不肖者的欺負，這些人員可以出面調解糾紛及幫助。而在社會方面，有一種觀念存在於每一個小團體，那就是永遠的「存在」。誰都不願意讓自己的團體，被社會環境淘汰而不存在，於是大家組織小團體來維持大社會的生存，使雅美族社會永不被擊破的生存，直到永遠。如此的功能及經濟的發展，促使本族幸福與喜樂無窮。

船組海上作業的方式

雅美族在海上作業方式有兩種：一、是飛魚季的漁撈。二、是深水魚的漁撈。就前者飛魚季來說，本族人用不同的方式捕飛魚，是根據魚兒游近本島「蘭嶼」之月份區別而定，如第一個月份叫Paneneb，採取的捕魚方式是夜晚照明的捕法，僅用一把魚網（Vanaka）來捕千百條的飛魚，在這個月份不可以參加其他船組捕魚，因為會損及自己船組的好運。第二個月份叫Pikokaod，也和前個月一樣的用一把魚具來捕魚，不同的，就是其他船員可以參加自己船組捕魚，也可另行海岸捕魚及深水採蚌貝，岸邊捉龍蝦，撿貝類等海洋生物，這種作業方式，僅為紅頭、漁人等部落，則其他部落專做撈魚的工作，及個人海岸捕魚。第三～四個月的捕魚方式是各組船員可以到別船上捕魚，每個人具備一火把和網具（Vanaka），這種捕魚方式，收穫量相當可觀，尤其是以飛魚季時為最。

此外，是深水捕魚，這種捕魚方式及時間上都沒有一定，任何時間都可以出海捕魚，只不過方法不同而已。如在夏季Teyteyka的時間裏，可以在小蘭嶼過夜捕魚，白天打魚、網魚、釣魚等，到了晚上還要釣魚、捉海鴨等，這種綜合捕魚方式，獲得各色各樣的海洋生物，收穫也很可觀。

第二節　船組的運作

船位的分配在船組體制中，是按照年齡與經驗，及個人的專長來分配，造船及海上作業的工作分配，即按同一原則進行系統的運作，大家公平地分享漁獲。

捕魚是族人重要的經濟來源，船組生活具有系統的工作及位置的不同體制，來維持船組生產能力。不是含糊籠統的組織，每個人都會互相幫助，全心全力地去完成應盡的任務，達到既定的目標。

造船工作的分配

位在船首的船員，他負責採取魚艙的蓋板(Sansan)及兩根木槳(Ipamamakong)，以及座位上的幾層船板等等其他用具。位在船尾的船員，他負責船舵和架子(Savilak、tagenosvilak)、龍骨(Rapannotatala)、魚艙蓋板及座位上的船板等，在飛魚季期間也負責船尾內之一切工作，如捕魚網的製作、準備火把等等。位在中央的八個船員，負責船內的坐板(LaLag)及個人的木槳、水漂、龍骨架(Tokha)、桑木釘(Pasek)、紅土(Vorilaow)及個人坐板與坐椅等。雖然工作這樣的分配，不過如有未完成的部份，大家合力把它完成，他們彼此間互助合作，維持有組織的良好生活。

●船塢。

海上作業工作分配

成員因不同的特徵與專長，於是自然而然的被分配到某種的工作，如飛魚季中，捕魚的位置，船員都可以擔任，不過，人都有個別的能力，有的站起不穩，會掉進海裏；也有的很穩定，不過站在那兒發呆，當木頭人，魚兒不上門，能捕什麼？也是不行。只有站得很穩而且能探囊取物的船員，才能勝任這份捕魚工作。另外船組的兩邊釣夫，也是一樣，船員都可以輪番上陣，不過有的船員，就是釣到天亮還沒有見到半條魚上鈎，只有坐在那兒打瞌睡。也有的船員，魚兒經常上鈎，不過拉到半途，魚兒逃掉了。同樣的，直到天亮，連半條魚都沒得，也是無法勝任這份工作的。如有船員具備極佳的釣魚能力，不論年齡大小，都可以擔任這份釣魚工作的。以上是捕飛魚的分配工作。另外有特別「捉海鴨」(Ngalalaow)工作，捉海鴨也很不簡單，並非人人都能勝任。這份工作和前面所說的完全不同，膽子小的船員無能為力，因為捉海鴨要攀登峭壁，這完全要有豐富的經驗與魄力才能勝任這份險要的工作，如一不小心，就會送掉寶貴的生命。其次海岸捉螃蟹、龍蝦、貝殼類之生物等等，這份工作船員都可以做，各依經驗來承擔某一份工作。如捉龍蝦的，專去捉龍蝦；撿貝殼類的，也專去撿貝類，這種工作不需要有特別的分配，而是自願去做的任務。再者飛魚季時的準備工作分配：捕魚夫(Mivanavanaka)專做修理漁具或魚袋(Panontonan)等；釣夫(Pipangnanen)專製作魚鈎、魚線等；其他船員則修理船上的槳、繩索、架子等等其他瑣碎工作，尚未參加作業的青年男子們，專做割蘆葦的工作，做為作業用的火把(Aviyao)。大家把自己負責的工作，一一的完成。其次出海的分配工作：捕漁夫負責點燃火柱。出海時，也一併將漁具帶去；位在船首的船員，負責帶魚鈎和魚線及魚袋；其他船員負責帶火把和帆布(Ipanakong)等。他們這種的分工合作，雖然沒有文字記錄，但是各人都很清楚自個的工作，而共同達到定期的目標。

漁獲的分配方式

在雅美人食物觀來說：漁獲的分配方式是非常講究的，必須以魚的形式及種類、質量來分配，而且以輪流的方式得到魚。比較特別的是根據一個船組成員的多寡以及輩份、年齡等秩序來分配漁獲。分配的過程是這樣的——首先把男、女人魚分開，然後把大的殺開，這樣一排一排的分配，當然每一份都不同。較豐富的一份，先交給船組最老的人家，然後大家都自動的去拿一份。他們很清楚誰得到了差一點的，誰得到了較豐盛的一份，下次再分配漁獲時，就做調整。如此一來很公平的得到了漁獲。另外如有其他部落的人，參加了他們海上捕魚。分配漁獲時，特別送給他大、好一點或多一點的那份，這表示尊重人的道義及表揚一個船組的聲望與風格。

船位的分配

船位的分配在一個船組的體制中，是有明顯的指定，如一個剛加入船組的船員，他不可能去擔任很吃重的工作，於是他便位在船中央取水的位置Dopangapansokavogaow上，然後慢慢地升。如果加入船組幾年之後，亦經歷了許多艱苦的遭遇，這樣就按他的能力被分配在某一個位置上。如一個船組遭遇到八至十級的風時，他如何的發揮體力與能耐，此時即可明顯看出船的區別了，於是就這樣根據船員們之特性與專長來分配座位。在一個船組最有力量的船員，位在船首，其次的船員位在船兩邊的第二號位置。對天候、洋流的變動及航海具有認識的船員，大半是經驗豐富的老船員，大都擔任掌舵的任務。

總之，如此一個船組座位的分配方式，完全符合每一個船員的心意，共同合作，達成團隊的精神，來完成他們所負的任務，朝向他們理想心願，給予更多的人享福。

第三節　造船的過程

由經驗豐富的人選定樹材，
砍倒並截斷不必要的部份，
有技術的人改造木材成
龍骨的模型，
此時是學習技術的最佳時候。
老人家在旁唱著伐木經，
大家努力而愉快地工作，
相互認同、彼此關懷，
使得船組更加鞏固。

造船是在一個船組團體裡最重要的一環，因為團體組織目的是在以海上作業來維持他們的生活。

船組造船的原因有三：其一是船隻破舊不能用，其二是解組又另外重組，三、升級的船組。前者為常有的現象，第二種情形則少見，是由綜合團體組成的船組，很容易解組，所以又重新重組時，必須造一隻新的船在海上作業。第三種情形則由原有的船組級位往上升一級時，必須造新船。

還沒有造船以前，一個船組首先召開會議，討論工作的進行、時間的安排、地點的選擇、造船的原因等。會議由船組長老主持，一切都要聽他的指示。基本上一個船組會議就這樣決定了，不過船員內有非常事故者，也可以視事情之輕重而提出意見。

船員上山取材以前，全部集合在長老的家裏清點人數，然後派兩個以上年紀小的船員去船塢量船的長度、高度等，如人員減少不足十人就縮短尺寸。大家都到齊之後，船員內是否有見過好材料之樹木，讓他指導引路，如沒有則由長老領路上山去。到達目的地時，分成兩人一組，並吩咐一些要領與指示，然後各組分頭在深山裏尋找適合的材料。如在這個地點有個船員曾經見過而且做過記號的用材時，他就帶領他們往那兒去，不必再分組尋材料。

如有一組發現適合的木料時，就派人通知其他組的人來，大家都到齊之後，由經驗豐富的人，先觀察樹木的生態，這種學問不是人人都有的能力，除非經常伐木的人及長老，才具有這種能力。如果具經驗的人看了這棵樹，覺得可以取材，他們就把它砍了。相反的，如生態背著陽光時，他們就不會選擇它。他們最先砍回來的是用來製作龍骨的部份，叫 Ipan-nwang，取這種材料的方法是先把所選定樹材的根部用斧頭先砍斷，然後砍去其他沒必要部份的根部。他們砍倒這棵樹之後，就用繩子量，然後截斷不必要的部份。這時候，有技術的船員自動改造木材成龍骨的模型。這時，砍樹無造型龍骨知識的船員就開始休息了。在旁觀看有技術的人是怎樣的造出材料，此時是學技術的最佳課堂時候。有技術的船員，他們輪流上

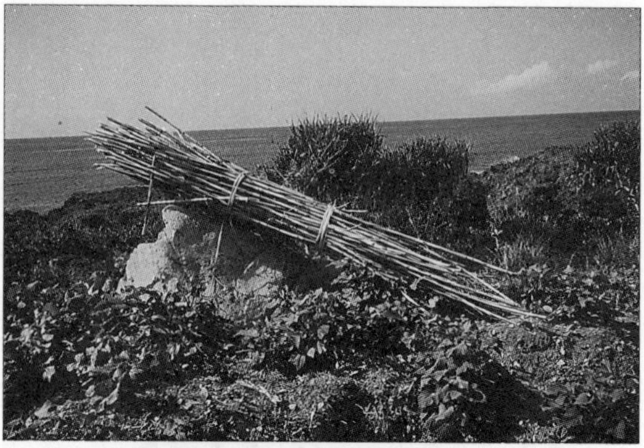

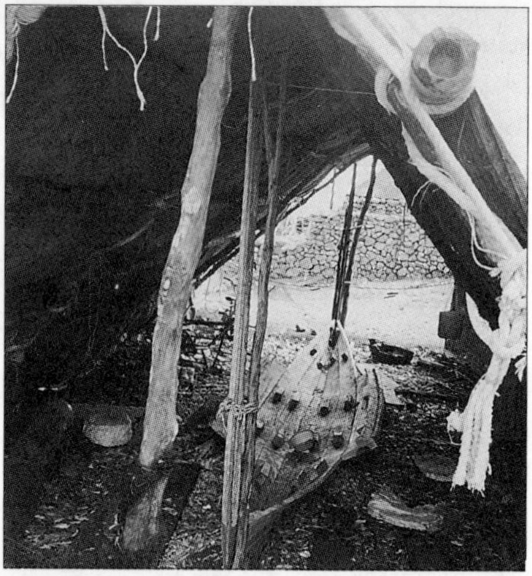

●雅美族造船在一個船組團體裡是重要的一環，必須由整個船組大家共同分工，有的砍伐木材，有的製作木釘，有的刨平船板與龍骨，有的做組合等工作。

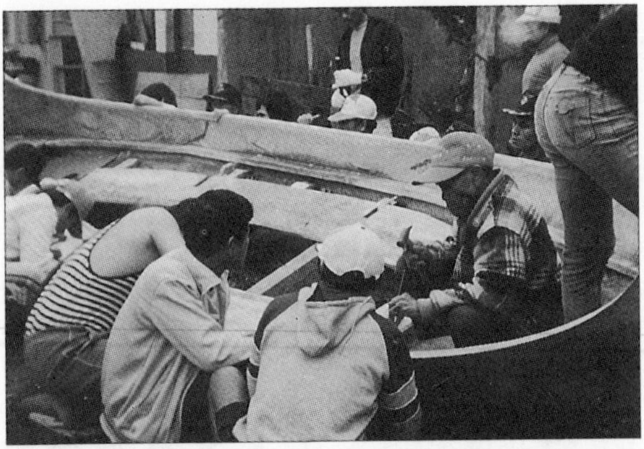

●船身完成後，還需大家共同幫忙雕刻及上漆等工作。

陣工作，先休息者看到工作者汗流浹背，就自動上去換人，大家都有共識不可讓伙伴過累。在伐木工作中，老人家唱著伐木經，使得工作者努力而輕鬆愉快的工作。他們相互認同擁有高昂的工作情緒，彼此關懷，使得這團體的組織更堅強，其他船板，也是如此的程序。如分組取材料，協助尚未完成的其他組，共同把它完成，然後一起回家。他們擁有這種的團隊精神，更加鞏固團體的組織。

以上是一個船組普通造船上山取材的過程，在此，我們來看船組雕刻大船，船員如何地取材的過程。同樣的，還沒有上山以前，就在船埠內分組，分組的情形，有經驗的要和沒有經驗的船員合併一組，老人家與力壯的船員合一組，分組之後，一起出發上山去。每一小組都有領隊，他不一定是有經驗的船員，只要有見過好材料的人就由他擔任領隊。他們取材伐木的情形和上述一樣，但有一點不同的地方，伐木中工作者要唱伐木經，召請魔鬼來協助他們工作，使他們工作時不會感覺很累。另外是尋木過程中可以帶便當，而一般的造船是不可以帶便當的，而且吃便當也要給魔鬼一點，讓他們高興，不致於傷害凡人。

到了中午的時候，全體船員們放下工作，圍在一起吃便當，用飯之前弄一點贈予魔鬼，以使其助人一臂之力，他們如此的輪番工作，上山取材，直到最上層的船板，有親戚及朋友來幫忙取材，船員們也準備了一些食物來慰勞他們，如地瓜、芋頭等等，甚至殺豬宰羊。有的船員被分配去拿紅土、採林投根(Vorilaw、Kasokas)、桑木(Pasek)等等，這些都是造船用的材料。

以上是一個船組上山取材，以製造船板及龍骨的簡略敘述，接下來談他們如何地加工原料及組合的工作。這份工作每個船員都能做，不過技術上有差異，技術差的船員，要組合不正的船板，再怎麼組合也做不成。相反的，技術高明的，僅花幾個小時就可以組合起來。

船板的組合及加工，同樣由整個船組大家共同分工，有的製作木釘、有的刨平船板與龍骨、有的做組合的工作，做好一側又做另一側，如此慢慢造成船。剛組合船板那天，一定要舉行

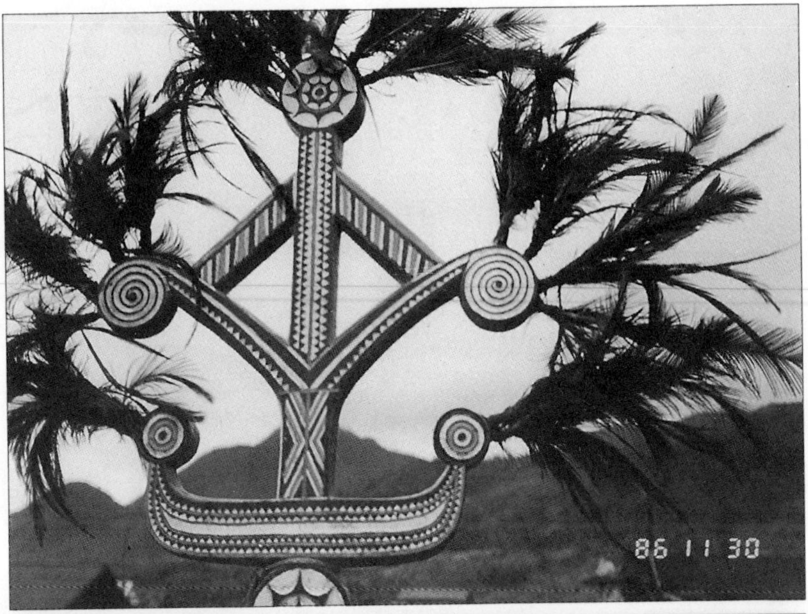

●雅美族的獨木舟花冠。

●造好的獨木舟。

小小的慶典儀式，來祝賀它順利完成。在組合工作中，有的上木釘、有的將上好的木釘修好、有的重覆打小孔、有的上木棉花、有的用芭蕉繩壓住木棉花，有的塗紅泥。這些工作完成以後，才把上層船板輕輕的對好木釘，然後慢慢敲打下去，搥打幾下之後，兩塊板子合的密不透風，在上上層船板時，必須唸出吉利經「Tokangay mamazispis mo katowan ta yamiahairaw do wawaoito o aniyaw mo a vakoit」，其意思是說：願妳「船板」順利接合，因上船的第一條好魚在海中等待妳「船」完成，如此的說，使工作順利完成。

到了安裝最上層的船板時，有許多親戚、朋友來幫忙。於是就很快的完成了組合的工作，船的形式也造出來了。一般來說：造船須要三個月的時間，最慢五個月才能完成。從上山取材到完成的當中，有時候，船員們派一些較年輕的去捕魚，來充實營養，也有時，太太們輪流為他們弄點點心，使船員們在工作中有充份的體力來工作。

一艘大船完成之後，大家才鬆了一口氣，緊接著要做的是修平凹凸不平的船身部份及補補有缺陷的地方。這時候，他們就商量新船下海的時間，由長老決定好日子，並經所有船員的認同，最後的工作是所有船員都要坐上新船決定好每個人的位置，然後打孔安放木槳架。第二天，就用白、紅顏色塗在船身上，一艘普通大船就此完成了。

第四節 新船下水慶典儀式

新船下水慶典的舉行，
由船組成員會議決定，
按照計畫籌備實施，
採芋、殺豬、宰羊，邀請客人，
男女分工合作，
呈現船組長久辛勤的成果，
共同為新船祈福求利！

大船造成之後，必須舉行新船下水典禮，這是由古時候雅美人所傳留下來的儀式文化，自部落成立以後，到現在已經有一千多年的歷史。

舉行新船下水典禮之前，由整個船組召開籌備會議，討論舉行時間及宴客事宜。雅美人舉行新船下水典禮有兩種：第一種是普通下水典禮，第二種是特別下水典禮。

普通下水典禮

一般來說：這是沒有刻花紋的大船的下水典禮。

一個船組做完一艘新船時，在還沒有舉行下水儀式之前，由船組成員共同召開會議，討論所要進行的工作。當天由船組長老通知其他船員集中到他家，人員都到齊之後，他才發言說：「我們的大船已經完成了，必須要選訂吉利的日子，來舉行下水儀式，為了這個緣故而召集大家，沒有特別的事。」他發言之後，其他船員都不作聲，要回答他的人，只有次老的船員，才能回答他，說：「請大家計算從今日到吉利日還有幾天，讓我們依照他的意思，在吉利的好日子裏舉行下水儀式。」其中船員裏也有對日子的推算很了解的就告訴他們說：「現在離吉利的日子還有幾天了。」船主得到這個時間後，便對船員們說：「我們對吉利的日子有了瞭解，於是過幾天準備一點宴食即可，不要太浪費，只要慶祝這新船的誕生即可。」於是大家都同意這個計劃，也就因為關係到大家的利益及服從船主的旨意，不得不如此。不過，話雖然這樣說，如果船員中有一個人能奉獻一隻羊或豬等作為新船下水儀式的祭物時，他就會告訴他們，於是大家都聽他的指示。因為新船迎吉，必用祭血來祝賀為佳，可迎來更多的福利。

他們定下計劃之後，就照著計劃進行，第一天叫Mangapdokareyan，其意思是說：「在遠處田園採食物。」那天男人取木柴架(Irasan)、撿柴(Mangayo)、採檳榔、取姑婆芋葉等材料，女人上山挖山葯(Ovi)、山芋頭(Vezandede)、地瓜(Wakay)等食物。第二天叫Mangapdokasngenan，其意思是說：「在近處的

●新船下水典禮，芋頭堆積如山。

●木舟落成典禮。

田園採食物。」於是有兩天的時間讓船員準備新船下水典禮的食物。在第二天內，有的船員們打小米，小米是宴食中的上等食物。如果船員們殺羊宰豬等，當天就去邀請親戚、朋友們來參加下水典禮。另外有不足的用具或食物，都在這天補足，女人們則在這一天到芋田裏挖比較好而大的芋頭回來。到了下午，船員們各自把木槳在船上栓好，待明天的吉利日子，舉行新船下水儀式。

晚上船主派兩位船員到海邊為這新船捕吉利的魚類，從魚獲可看出，這新船在海上的功能福份，另外也在這個時候，女人們也開始煮明天使用的宴食，如地瓜、芋頭、山葯等等食物。

到了第二天，天未亮時，男人們便開始煮魚干和小米等。魚干也將它分別煮，一邊煮男人魚、另一邊煮女人魚，而女人則負責把宴食用的地瓜、芋頭等食物，一一的盛在大盆子Kazapaz裏，另外也準備裝禮品，如男人用的禮服、金子、手環、銀帽(Volangat)及女人用的禮服、鍊珠(Raka)，手環(Pacinoken)、腳環(Vagyat)等，兩夫婦分工合作的完成工作。

整個工作做完之後，每個船組成員都穿上禮服及裝飾，帶著食物到船主家去集合，大家都在船主的家等候其他的船員。大家都到齊之後，女人們就開始分配食物，每一船員交出來的一大盆食物，抽出上層部份，放在一個大盆子裏，作為男人共同使用的食物，另外也預備女人們的份。

這時候，男人都到齊了，船主叫十個船員，去換上服裝，準備新船的試航。村子裏的親戚、朋友們，看到他們時，也都過來幫忙把新船抬到海邊去。

不參加試航的船員或是青、少年們，自船主家搬運用來祭新船的魚和雞或小豬到海邊的新船上。村子裏的老人家，很注意看這Aniy-aw(新船下水以後，第一次所釣到的魚)，是不是吉利魚，因為從這方面，可以看出這隻新船的運勢，會不會是探囊取物、滿載而歸的一艘船。然後把祭魚用竹子吊在上面，讓人共賞及作評價。

這時候，要試航的船組們準備好後，就把船推到海裏，首先船員們不可以馬上上船，先試試看，是否很穩定，然後大家才上船去。座位已經在陸地上分配好了，於是他們就按照自己的位置上了船，首先他們慢慢划出外海。沒有參加試航的船員們，在這時候就把一隻祭雞(Vaon)殺了，然後拔去羽毛，據古人說：如果想測出新船航行的速度的快慢，則可以從新船靠岸時，祭雞是否已經拔完了羽毛，若已拔淨，則證明新船的速度相當快。

村子裏的人成群結隊指望新船的試航，想瞭解它的情形，這也是關係他個人作業之參與。新船航行的速度，雅美人有它的尺度標準，也很重視這一環，因為它維繫著海上作業船員們的生命安全。

在試航過程中，目標是有一定的地方，務必划到目的地之後，位在船首的船員，就跳下海去摸這個目的地，然後上船。如果剛好摸到螃蟹或八角魚，則新船到老舊，運氣將持續相當好運，每出海捕魚必滿載而歸，使這一組船組享福無窮。返航時，就試試新船的速度，猛划而行。

新船試航完成之後，船員們各回家換上禮

●大船待海邊迎魚。

服，然後集中到船主家共同用餐。如果有殺羊宰豬，他們就先把肉分配，然後一起祝賀新船的誕生。

他們吃過飯以後，稍微休息一下，然後所剩餘的食物由女人們自行分配予每戶船員帶回家，之後又分給親戚、朋友們等。於是這新船下水典禮，全村的人都得到食物，並感謝船組成員能關懷自己村子的人。

船員們回家之後，準備各人的漁具，然後很高興的上船準備出海捕魚。一艘新船，如果要預見它的魚獲量是多或少，就要從第一條釣上來的魚兒，是何種魚類而知，這是作業上的一般常識，於是船員們下鈎時，都要小心翼翼地放下魚鈎，謙卑的船員，他都不下鈎，等到其他船員鈎上了第一條魚後，他才敢放下自己的魚鈎。

新船出海捕魚，目的地船主已經預先訂定了，於是他們就往這個方向划去。鈎到好、壞的魚，是歸因於他們祈求的方式。捕魚的時間，一般都是要在中午返航，因為還要慶祝第一次出海作業所捕獲的魚。

這一次出海所捕到的魚，全部集中在船主家煮，煮好後，大家分配在每個家戶，然後各個船員去叫家人穿上禮服拿著預備的食物，如地瓜、芋頭等，到船主家去共餐。他們用餐方式是每一家庭成員都圍在一起，祝賀全家人幸福。用餐完之後，大家在涼台上聊天，有說有笑很快樂的渡過新船下水典禮。

特別下水典禮

有雕花紋的新船下水典禮和上述有不同的地方，如儀式過程，有特別的方式來慶祝雕有花紋的新船，另外是邀請各部落群眾、朋友、親戚等參加慶祝儀式，觀賞他們一個船組輝煌的成就。

首先談談一個船組在新船還沒雕刻之前所做的工作。如一個新船完成之後，船主便通知船員們晚上集合在他家裏召開會議，討論的內容是有關舉行雕刻儀式事宜。船主多聽取各船員的意見，作為最後的決定。他們訂定吉利日子和準備招待工人的食物，在他們討論之後，就開始上山準備食物。

●二人舟完成雕花。

在以前雅美社會裏，包辦船祭的船員們，他必須是有財富的人，因為有許多儀式，必須殺羊宰豬等來祭拜，否則工作不會順利。所以一個船組包辦船祭，必須做到這些事項。除了他有能力殺豬宰羊等來慰勞工人之外，其他船員都可以用魚干來招待他們的工人。另外船員們按照家庭應有的多少，每戶交出兩、三把小米，作為工人們的點心。

吉利日一到，船主們不管有沒有工人來幫忙，在那天就把預備招待工人的羊及豬殺了，村子裏的人也知道他們準備雕刻新船，於是凡年紀大了的男人，都要去參加新船雕刻的工作。雖然年紀大，工作不便，但是他們在那裏可以指導年輕人做事。去參加雕刻的各個人都要準備雕刻刀、工具等，外村的親戚，朋友們知道這個消息，也都過來參加美好的活動：雕刻新船之工作。來參加的人員，他們都要穿上禮服(Nioztan)、帶手環(Mipacinoken)等裝飾前來參加，以表示尊敬這新船的雕刻儀式。來參加雕刻的人都到了以後，便開始繪畫船身，技術被認可的人，他馬上在線上雕刻，則

●完成雕刻之十人舟。

●完成雕花的大船。

其他人也雕刻船的內部。被認定技術高明的人家，便自動去擔任大船兩邊往上的零式花紋，這份工作須具有審美的知識，方能做出更引人注目的花紋。就這樣大家分工合作，很快的在十二點鐘以前，完成新船的單側，內部一樣。

船員們忙著烹煮處理好的豬、羊等，其他的船員回家煮魚干，也有少部份留在船內繼續工作，他們從早晨到中午都忙個不停，另外也有船員煮小米等工作。

到了中午時，船員們叫工人吃點心，吃完後又開始工作。這時候，船員一直忙著準備招待工人的食物，做完工作的船員們，到其他還沒有做完的人家去幫忙。大家全部做完後，把弄好一大盆的食物拿到船主家去，由女人們分配幾個大盆，煮好的魚干也是一樣地分配。工作做完之後，船員們去點清工作人員人數，而且分配工作人員的食物每一大盆的數量，工作一切都完成了，吩咐幾位船員叫工作人員收工回家拿自己的盆子盛飯，之後大家都回家拿自己盛飯的木盆，到船主家之後，聽從船主的交代。如每一大盆八人，人數到齊便開始吃飯，未吃完的食物分配之後，各帶回家。到了下午，工人又照常工作，船員們只有招待一次。到了餵豬時間，船員們須進行一次拋船儀式，於是全村的男人都響應參加，作為新船的祝賀。

接下來要為雕刻花紋之新船，舉行下水典禮。雕花大船下水慶典，會帶動整個雅美社會繁榮與幸福。使每一個人沐浴在美好的氣氛之下，享受無窮盡的快樂。

在還沒舉行下水儀式之前，首先船員們召開會議，討論如何讓工作進行順利。會議主要的內容：一、採芋頭，二、如何分配工作，三、如何分配等。這些工作經大家決議通過以後，就照著計劃工作，於是船員們就在規定的日子裏開始挖芋頭。

採芋頭：一個船組採芋頭，船員們必須先舉行祝賀儀式，讓收穫豐盛，然後才正式採芋頭。採芋頭是照著船員們的田園多寡，水田多的船員，所邀請來幫忙採芋頭的人也就多，而且船主一定要比船員們先一天採芋頭。之後船員們才開始採芋頭，有的船員因水田少，往往等到第三、四天之後，才舉行採芋工作。採芋頭的第一天，船員們夫婦兩人務必穿上禮服，帶上銀盔，掛上黃金，手環等貴重裝飾去芋頭田。女人背著籃子和木杖(Vavagot)等，然後將所砍來的蘆葦莖(Sinasa)向田園四周丟去，表示趕走那些惡靈，以免它在芋頭田內打擾，使今天的收穫不豐。除了這樣以外，另外把一片豬肉乾放在小盤子裏，然後放在偏僻的地方，送給魔鬼分享，使他們高興，不去打擾採芋頭的婦女們，也不去吃芋頭。婦女到達芋頭田之後，就換上工作衣服，然後手拍一下，就下田內挖很好的芋頭，意思就是驅除在芋田內之惡靈，使得收穫豐收。

採芋頭的過程，下田的婦女，看到小一點的芋頭不挖，中等的一律挖出來作為無柄芋叫Ningan，較大一點的芋頭連柄與果實一起挖出，只取掉葉子即可，這叫Miyopi，當然這些選擇標準是百年經驗的累積。另外有一種很特別的芋頭叫Maseve，這種芋頭由男人去挖，因為這種芋頭量不多，不需要很多人去採回，它們長在冒泉水的地方，亦比任何一般芋頭壽命要長，而且長的又大又粗，是食物中的長老，通常這種芋頭要在採芋的最後一天才去把它挖回來。

古時候，婦女們一律用木杖(Vavagot)來挖芋頭，比較隆重壯觀，但是現在的雅美人，有的用鐵棍挖芋頭，失去了美觀禮節。婦女們挖芋頭全靠她們平時的經驗，有的婦女們經驗知識較差，不是小的、壞的，就是少的，再怎麼去換地方也是如此。相反的，有的婦女很會採大的芋頭，又好，量又多。

船員們邀請工人幫忙挖芋頭，通常選在下午或是黃昏的時刻，甚至有的就決定今天來的工人，明天還是他們，不然明天的工人可能會請不到半個人影。

被邀請的婦女們，當天特別化妝擦油抹粉，個人應有的珠寶全部配在身上，表示有禮節之意，然後集合在主人的家中。她們的化妝使得一個人改變形象，由她們的裝扮可看得出每個人的風格。來幫忙的女人全到齊之後，由主人家婦女領路上山去，他們到達芋田時，女主人便去砍十枝蘆葦根，然後往芋頭田裏丟去，這是用來驅除惡靈的騷擾。另外還準備一片豬肉干，盛在盆子裏，給魔鬼享用，使魔鬼高興並賜給她們更多的收獲。

其他的婦女們一到現場，就馬上換上工作服，然後在田埂上排一行，之後下田開始挖芋頭，挖好的芋頭都集中在一起，不可以分散，大家一起處理，有的將蘆葦根立在芋頭四周圍及工作地方，表示不讓惡靈打擾她們工作。無柄的芋頭放在一起。另外有柄的芋頭也放在一起，然後一籃一籃盛滿芋頭背回家。女主人將選幾個芋頭分給來幫忙的人，其中有的不接受，視其與主人的關係而定。這一天所採的芋頭，都要以籃子為計算單位統計數量，就這樣

●婦女採完芋頭回家。

累積起來，作為邀請客人的依據資料。芋頭的工作輪番幾次，最久不能超過十天或預定的日期，否則會被船組責備。

在採芋期間，有養羊之船員們，也跟著上山去抓羊，同樣的，也是邀請村子裏的親戚、朋友或年輕力壯的男人幫忙抓羊。另外在採芋的最後一天，船員們開始抓豬，各人的豬拴在一定的地方。在當天的晚上，船主召集船員們，召開協調會議，其內容：一、各船員提報所採收芋頭的數量，二、提供邀請客人的數量，三、計算各村落所邀請的親戚、朋友，四、芋頭如何堆在船上，採取何種方式，五、其他船員個人的問題等。這些問題都要在今天晚上解決通過，參加這會議的人員只是列席，他們沒有發言的權利，但是如果在第五項內容，個人還有問題，就提議需要更改規定。於是他們根據這個問題來更改原訂計劃，去解決各人的問題，他們是處於彼此關懷的立場來解決問題。人員川流不息的為這將來臨的佳日奔波。這種船組開會時間的長短，需要六個鐘頭，但若事情還沒有解決，則不在此限，最後船組長老有權宣佈解決的方法。

邀請客人：到了第二天，參加邀請(Mapa-toyon)工作的人員，大家都集合在船主家裏，大家都到齊後，船主吩咐一些要領及邀請規則。古時候的人，他們完全都能背誦各部落的親戚、朋友等，所以他們一定參與船組會議原因在此，現在的雅美人則採用記錄的方式，將各部落所邀請的人全部都記錄在紙上列名單。

出發時,由船主僱人領先帶路,如果船主「船員」採用特別邀請(Mapasidong)的方式,便分頭往不同方向去邀請人，他們到會面的地方時，才回頭回家，那邀請的人員照著原訂計劃環島請客人。參與邀請客人的人員，他們必須穿上禮服，帶上手環(Pacinoken)、佩刀(Paz-azoway)、長茅(Cinalolot)、禮帽(Vinaovaod，男士專用)、禮甲(Asot)等裝飾，這表示這個擔任邀請工作的男人的風味。如果某方的親戚較多或重要，就是最後的一關，因此他們必須從較少的親戚方面開始，因為被邀請的親戚會為他們預備食物，如打小米、削地瓜、芋頭等來招待他們。現在由於較文明的生活，雅美人除了用以上食物來招待邀請者，還可用酒、雞、豬肉類等，使她們帶著高興的心情回家。

參加大船組邀請工作者，必須具有對話技巧與經驗。對話時，要簡明扼要，為的是迅速。被邀請的人家，有的送一把小米、魚干、水果等食物，使得擔任邀請工作者滿載而歸，所有禮物全部在船主人家分配，只有小米留下作為接待客人的食物，總之邀請客人的一切工作就此結束。

堆芋頭：以後就是堆芋頭及迎接客人的工作。這種工作在一個船組裏最容易產生火爆場面，因為關係到個人的名聲，首先談堆芋頭的工作：如果一個船組全是父親兄弟們直系血親

●出外邀請客人。

●雅美婦女服裝。

，就不會發生火爆場面，較為容易的是以祖宗之名稱所組成的一個船組團體，不過也有類此的船組。就如一九八八年二月十九日，漁人村Siradokablitan之船組，他們堆芋的情形非常良好，沒有發生火爆現象。他們即是以祖宗名稱所組成的一個船組，也是現在雅美社會最後見到的一個船組。

在還沒有堆芋之前，首先一個船組都會召開會議，會議的內容是瞭解每一戶船員所收穫的芋頭之多或少，作為劃分堆芋的依據。一個船組的船員，大家都集合在船主家內，人員到齊之後，由船主帶頭去查看每一位船員所收成的芋頭。這份工作做完成之後，就開始做分配的工作，做分配的工作，要依據上次召開的會議內容決議，不過也有更改，但是不常有。如果一個船組都是父親兄弟的話，就沒有特別分配，大家共同合起來堆芋頭，不發生爭執。只有有柄的芋頭Ipangamod a miyopi，才分配各人。如筆者的父親表兄弟們，我所參加的新船下水典禮之一切過程，完全是採取類此的方式。比較特別的分別就是堆芋工作，就是像一九八八年二月十七日的漁人部落楊景嶽等人所組成的船組所採取的方式，船員們都以同樣的寬度地方來堆積個人所收成的芋頭。這種方式也是經過他們的認同，並非是由船主自作主張的劃分，大家以民主方式來決定。

劃分堆芋的工作，是一個船組最容易吵架的一份工作，所以每一位船員都有他們旁親、朋友在場作調解的工作，擺平一切問題的發生，使得一個船組的工作順利完成。

堆芋工作分配完之後，自各部落來的親戚、朋友們以及當地村子裏的男人，便開始在船員家內取出芋頭來堆在各被分配的地方。如果是父親直系血親組的船組，堆著沒有柄子的芋頭，還不會分配各人堆芋的地方，等到無柄之芋頭堆完後，才分配堆有柄子的芋頭。相反的，如果不是父親直系血親而是以亞世系名稱所組成的一個船組，他們就先分配堆芋的地方。經過會議協商之後，就是有個船員芋頭多，他還是照常堆高。不過，有一種臨時協議決定，多芋頭的船員，有剩下的芋頭，可以將兩人或一人乘的小船扛回家堆滿芋頭，另外是堆在住屋上。雖然一個船組內有名望的高低，但是，他們還是要尊重組織的宗旨功能。

在堆芋過程中，外親或朋友們，由船員們分別自行招待，至工作完成後，才能離開船主家，換上禮裝加入客人的行列，這種親屬之團隊精神，永遠存在雅美社會裏。

接待客人：船組將這份工作完成之後，接下進行的是接待客人的工作，每個船員們都穿上禮服、手環、佩刀、銀帽、金鍊等財物，到船主家之廣場上，當地村子的表兄弟以上的親戚也都加入他們的隊伍，來迎接客人，他們也是一樣穿起服裝，珠寶等等。一九八八年二月十七日漁人村楊景嶽等十人船組新船下水典禮即是依此方式迎接客人。

如果船員們都到齊在船主院子前場排橫式，是方便客人能認清自己的主人好進行接吻儀式，非主人不能吻否則被誤會。之後船主委派一位當地的親戚叫客人進場，客人大排長龍的按年齡進場，手拿著佩刀、噹——噹地裝飾相撞，一眼即看出富貴人家及藝術高明者。客人裏的最後一個人是裝飾不全者，全服裝飾代表尊重之意，相反者輕薄也！

客人可分為三種等級：一級客人全服禮裝，他們是下午三點左右到主人部落去等候其他客人；二級客人是只穿上禮服、手環、佩刀等財物，他們是太陽下山後才到主人的部落去，直接上主人家；三級客人是禮裝和二級客人一樣，不過，來的時間不同，他們是在晚上才到主人家去。這三種客人並不是由他與主人的親戚深遠關係而區分，而是因為家庭的因素，如家中沒有禮物或工作上之繁忙等等其他原因所造成的。

下午來的客人，大部份都帶地瓜、芋頭等作禮物，副食品家中有什麼就配上什麼，這沒有一定的規則，有的送到親戚、朋友那去，大部份都拿到自己的主人家去，這些禮物由跟來的孩子們或太太背著，也有的自己攜帶。

客人到達部落之邊界時，就把背著的行李放下，如食物類的行李先送到該送的主人或親戚、朋友家去。這時有的客人洗個澡，去方便一下，否則在歌唱中上洗手間是丟面子的。有的開始穿上禮裝、抹油等打扮自己，雅美人參加宴會，儀容是很重要的，在那裏把禮裝穿好等待其他部落的客人。在雅美族社會裏之人際關係，每一個人都要了解誰是長輩、平輩、晚輩等，這都得非常清楚才是，所以這一群的客人該誰領路心中都有了腹案。

客人到齊了，而且全都穿上禮裝後，就開始起程往船主家去。行程時，由這一群人最老的帶領客人，慢慢的走向船主那裏去。如果人多大排長龍，帶領者可能已經到達主人家了，而排尾則還沒起程呢。一路上客人禮杖的裝飾品及掛在脖子上的珠寶等，叮——噹——叮——噹的響著，富有人家身上掛滿了珠寶，顯然是展示自己的財力，該部落的人，大家都會見識一下那些來的貴賓，路上旁邊都排滿了觀看的人潮。

客人到達場地，就自己找自己的主人接吻，之後找可坐的位置坐下。不過，如船組編一首迎賓歌而當場唱時，客人絕不可以坐下來。如果一位客人有三、四個船員是主人的話，他都要和他們行接吻儀式，這表示主人忘不了自己的羊群。就這樣的方式客人一個接一個的向主人行接吻儀式。接吻過的客人不得坐下來，待船員們唱完迎賓歌後，客人才能由主人帶回到自己的家去。

這時候，船員們就開始唱著自己新編的或是流傳已久的迎賓歌。他們唱完後，就將自己的客人帶回到家裏來，然後開始對唱祝福歌直到黃昏。如果一位客人有三、四個主人，在那一家唱完祝福頌後，又到另外一家，直到黃昏。主人不一定要客人唱祝福歌，時間一到就要給客人吃晚餐，沒唱的客人待晚上繼續對主人唱祝福曲。主人宣佈吃晚餐時，客人就把自己的珠寶收拾，準備吃豐富的晚餐，吃法完全與平常的吃法不同，有一大盆子的地瓜、芋頭等，客人圍著它，然後豬、羊肉分幾份，有幾個客人為一份，開動時，長輩先順手拿飯，然後按年次順序拿，雅美族的敬老理念很高尚的。

主人對食物的分配，黃昏來的客人也自備晚餐，夜間來的客人同樣自備晚餐。主人對客人招待的很周到，不讓他們餓著肚子，除了這些之外，還有水果分享。客人吃過晚餐之後，主人取出三年內辛勤種植的水果，如香蕉、龍眼、

●新船下水典禮獻唱。

甘蔗等給客人分享。

至於船組收穫的展示，除了整個一艘船都被芋頭覆蓋，還放上小米、老藤、甘蔗、魚干等等來環著這新船增加氣氛。如果碰上吉利年，水果非常豐盛，於是有水果掛滿了新船的四周圍，使得香味衝天無邊，也讓客人捨不得離開這村莊。黃昏客人吃過晚餐後，主人就帶領他們到船那裏去，講解堆芋及劃分的情形，以及豬圈裏的豬，讓客人很清楚的了解船員們在三年內的收穫，讓客人讚美與評估。

當天晚上船主派兩個人去抓幸運魚(Aniyaw)，這幸運魚Aniyaw no va-yo a tatala，不論抓的是好魚或壞魚，都視為新船運氣好或壞的依據，他們回來時，捕到的魚或蝦等交給船主保管。

晚上，客人還是與主人對唱，這時候，黃昏及晚上來的客人都到齊，他們也同樣的和主人對唱。晚上客人還陸陸續續地來，主人還帶他們觀看芋頭、豬、羊等講解給他們聽，客人也有回答的時候。

晚上還沒有唱歌以前，主人首先敘述造船的

起因、過程及完成的程序，很詳細地告訴客人，之後便唱出特別發生的事情。過後客人輪流唱出對主人的讚美歌曲，每一首歌曲都是客人自己創作。到了半夜(Avaknoep)時，主人取出客人的點心，之後稍微休息一會兒，有的客人吃過點心之後，就離去到另外一個主人家獻唱。在這個時間主人有時唱出個人辛勤的過程及收穫，客人也唱出相對的古謠或聽到的歌曲，直到天亮為止。

到了快天亮的時刻，每個船員派人把上層禮芋和小米、香蕉等等搬回到自己家去。這禮芋名稱叫Mataid dokatotao，是比較好的芋頭，而且又大。沒有被請的各部落人都會來參加觀禮這船組的收穫展示，做為他們的參考。

分配禮芋、禮肉：到了第二天，一大早，主人就開始Mapatotodae，送客人每人三個有柄禮芋，叫Pinatodae，如還沒有的客人自動地向主人要這份禮芋，這份禮芋是分配豬肉的依據。全村男人吃過早餐後，到新船那裏做分配禮芋的工作，主人宣佈每一份都要有足夠的份量，尤其是外賓較多一點。不論是客人或當地的人都去領取自己的一份禮芋，氣氛非常刺激。客人或當地村人拿完禮芋後，當地壯丁男人動員去獸圈內抓豬、羊等。船員們已經安排親戚或朋友抓個人的豬、羊等。豬、羊到家之後，主人取出黃金輕觸在豬身上說：「祝您帶給我們幸運，直到永遠。」做完這儀式，就開始殺豬，有一個人拿盆子取血，之後用力切開，然後用火燒去豬毛。豬圈抓豬是最刺激的一刻，客人最主要看的是誰讓豬逃不掉，他就是很有力量的人。回去之後，一五一十地把經過告訴沒有來參加觀禮的人，也作為自己的參考。殺豬的一剎那，也是不可忽視的一環，握豬嘴的人，他如果沒讓豬叫一聲，這證明他具有相當力氣與握力。

豬燒好，客人自動到主人那裏領取生肉(Mangnata)，主人也取出地瓜、芋頭或其他食物配吃。生肉還沒有吃以前，就弄一點分給魔鬼說：「拿去你的份，求你照顧我們，協助我們生產，不可發生意外事情。」然後吃一點，剩下的帶回家。生肉領完後，有的客人被自己的親戚、朋友們請吃飯，使整個部落裏的人川流不息地來往，弄得客人手、腳痲痺了，不是抱著地瓜，就是手拿小米，找個可休息地方透透氣。

這時候，主人忙著煮禮肉，叫Pasisibo，煮好後，切開，然後取出地瓜、芋頭配吃。工作完成後，叫客人們來吃禮肉。客人有的自動去領取這份禮肉，領這份禮肉的客人身份，是有帶銀帽和黃金者為一級客人，十名船員以最快的速度來做一切的工作，有的客人也來幫忙做分配的工作。禮肉的分配是這樣的，比較大，好的都是近親們，次要的是遠親或朋友及一般客人、部落人家。客人領取禮肉Teke之後，整理自己的行李，然後到特定的地方觀賞拋船儀式。

拋船儀式：十人船組把禮肉分給客人後，進行的是拋船儀式。拋船儀式的過程，視各部落的人數多寡及沿襲方法，一般來講，每一個部落分成二隊男人拋船，不過人多，就要分成四隊，第一隊為老年人，第二隊為中年人，第三隊為青年人，第四隊為少年人。這些隊伍在不同的地方等候，面朝著新船。他們全部不穿禮服僅穿丁字褲，則船員們每個人穿上禮服戴上手環、銀盔、黃金、佩刀等上新船，船主夫婦兩人站立在船的兩邊，也同樣穿上禮裝，這幅情景是最熱鬧時刻。

船員們上船後，由船主領唱祝福歌，歌唱完後，婦女們就前往船上向丈夫拿金、銀、刀等，幸運魚也掛在船邊展示給人看。船員們這時加入男人隊伍，船上留下船主一個人帶佩刀驅除惡靈。另外在四周的男人握拳叫喊著向新船迫近，把新船繞幾圈，然後拋向空中，氣氛真是熱鬧極了，行進途中每次停下來，都是類似的拋船，直抵海邊。幸運魚和祭雞也同樣拿到海邊去。

試航：船到了海邊，拋船儀式就此結束，觀眾也跟著移動到海邊去看新船。接下進行的儀式是試航，新船處女航由全村最有耐力及力量划水的男人擔任，船在近處海面繞一圈就回來換上船員們，新船試航有一定目的地，然後折回返航。新船的航行速度，只有船員們很清楚，返航靠岸把船拖上岸來。然後船員們各自回家，招待留下來的客人，這些客人是親戚、朋

●新船下水典禮後。

友們等，全部的客人都背行李到船員自己的家去了。

到了下午，每個船員們準備一大盆最大，而且最好的芋頭，配上四分之一的五花肉送到船主家去，然後再分配每一家煮一大盆芋頭和豬肉，準備明天的小小宴會使用，一切工作就此告一段落，大家才鬆了一口氣。

到了第二天，船員們又把新船推出去，到一定的地方去接幸運祭品「小米」，祭品由穿著全套禮裝的船主太太送來，表示將十全十美的幸運交給這個船組一直到永遠。一艘雕有花紋的新船下水儀式典禮至此才圓滿結束。

第五節　飛魚季慶典儀式

領祭組之船主對眾宣示，
魚季中的禁忌與規則，
並唱歌祈祝好運。
招呼飛魚的儀式後，
船員們領換祭血，
隨領祭主往灘頭點聖石，
祈求平安康壽直到永遠……

在還沒有捕飛魚之前，船組按月份的來臨，準備一些用具或工具等，如國曆十二月份（雅美月曆叫Kapitowan)這個時候，每個船員都要準備乾蘆葦幾把擱在一定的地方，一直到國曆二月份為止（雅美月曆叫Kasiyaman)，最少每個船員準備十大把，亦在這月份每個船員準備兩根槳架及繩索等，如自己沒有坐椅、木帽、用具等等，就在這個月份準備齊全。

縫補帆布儀式

另外比較特別，在二月初在紅頭部落舉行十人船組縫補帆布儀式，島上另外五個部落的船組此時還不能舉行類似的儀式。這過程是由一個船組在某特定的日子裏，集合在船主的家中，討論這個儀式的過程，決議之後就開始舉行儀式。過程是這樣的：每個船員交出五、六片或一捆的乾芭蕉柄（雅美話叫Ninges)，有的人抽線、交大針、竹子等，然後在選定的地方製作帆布，叫Manaitsoipanakong，大家合作地把它完成。

儀式的宴食，由該船組的女人負責，上山去採食，煮好後交到船主的家去集中，副食品是魚干，煮好後也一併交到船主那裏，全部船員都交齊後，那些太太們就把它分配，選擇大而好一點的地瓜、芋頭等放在一個大盆內，剩下較差的地瓜、芋頭等，太太們自己分配拿回家用。

太太們預備好地瓜、芋頭後，男人交出自己的魚干來分配給全組的每一位男人，於是每一位男人都有自己的份。大家圍著一大盆的地瓜、芋頭等，男人都到齊後，由長老開始開動吃飯。如果以豬肉片為副食，切一點分送給魔鬼，讓惡靈能照顧他們，這一點在每個船組是不容忽視的一環，儀式的過程就這樣結束了。

其他的部落，如漁人、椰油、朗島、東清、野銀等類似的儀式要在三月初舉行，方式與過程相同，只是日期不同罷了，最常見的時間，一般來說都要在三月份的下旬舉行。

飛魚祭慶典的準備工作

前幾個月當中，每個船組都要準備許多的魚干來好好慶祝飛魚慶典儀式，並且分享給自己的女親戚們，大家有共同認同的觀念來迎接飛魚季。有家畜的船員，也好好設想在這個魚季用豬、雞來迎接它，增加福份，迎來更多的利益。

飛魚慶典還沒有舉行以前，首先有兩天的時間準備宴會中用的食物，如地瓜、芋頭、山藷等等，另外還需準備祭竹、檳榔、木柴、老芋葉等。採食的時間由該部落的領祭船組向村子裏宣導，讓他們知道預定的時間，於是部落的人就在特定的時間採食。第一天叫Mangapdokareiyan，其意思是說：「在遠處田園採食。」也在此日，每個船員上山採山葯、旱芋、小竹子、魚架、枕木、木柴等等，女人們上山挖地瓜或旱芋等，在這一天所應該準備的東西，都要準備齊全。出海捕魚的船組，在他們返航靠岸後，把大船拖到馬鞍藤草原上，表示遵守飛魚季的規則。

●有這個，就是飛魚季了。

到了第二天還是繼續採食物，同樣地男人上山採山芋、旱芋等食物，婦女們照樣做他們的工作，除此之外，還要把金、銀、珠寶等裝飾品，都要拿到淡水洗乾淨，船員也到船主那裏問必備材料是否到齊了，每一個船組都非常關心並隆重地迎接飛魚的慶典。

到了下午，每個船組都要到船主家去集合，人員都到齊了，由船主帶領他們（船員）到海邊把大船拖回到馬鞍藤邊叫Kavalinowan，只有領祭主的船組叫Makahaod，把船推出去在灘頭邊。這時候，這領祭主如果準備用小豬或雞來獻祭，則他們這一組，就把船停好後，撿起幾塊白石堆在船的尾部邊，以備明天用，然後離去。

這天的一大早，領祭之船組，船員們就宣佈將飛魚食具浸在水裏叫 Manaem so amongan，村子裏的居民知道後，也跟著把飛魚食具浸在水裏，不過千萬不要比領祭主先動作，否則，將帶來不利後果，這是飛魚慶典人人必守的規則。

領祭之船組，在今天就舉行小小的宴食慶，因為在慶典中，他們只舉行一次慶典儀式，而其他船組則要舉行兩次的慶典儀式。有殺豬、羊的人家，也就在今天宰殺，因為如果在

●飛魚季務必把家圍起來迎福。

●祭飛魚用的裝飾，掛在魚架上，表示迎福。

慶典那一天殺，親戚、朋友們都分享不到，也因為慶典中每戶家庭的運勢都要保住它，家裏贈他人東西，也就等於好運外流之意，將帶來不利後果。因此雅美人很重視此類精神上的意義，許多規則禁忌都須謹慎遵行，才能為個人帶來利益。

到了晚上，各個船員家都在煮明天的慶典宴食，如地瓜、芋頭等，海岸套魚好手，在此時候夜出捕魚，備明天有新鮮魚可用。

飛魚季慶典儀式的過程

次晨一大早，男人製作竹祭，有船人家製作三至六隻竹祭叫Ralanopivanhnowan，船主人家製作六隻小竹祭，然後各個船員在船主家集合。領祭的船組船員，一大清晨就煮魚干等，然後在船上拴好自己的木槳等工作，非領祭之船組船員，在船主家集合，到齊之後，往海邊去，把船推出在岸邊，然後做罩祭。完成之後，又回到船主家，不可以隨便離開，之後回到自己的家裏準備該帶的東西，然後各別到海邊上自己的船，也都帶著男孩子上船。古人說：「滿船之人，真有福氣。」所以每個船組都要坐滿了人員，同時也準備好其他用具，並做簡易的煮祭儀式，等候其他人到齊。

全村的男人都到齊之後，領祭組之船主，就起來宣佈有關魚季中禁忌的事及捕魚規則，有時唱著歌來祝福好運。其他船組之船主聽到他這樣宣導事宜，就附議贊同，表示服從原定規則，不可讓任何人越軌。

點聖石儀式：唱完歌，領祭船主便宣佈招呼飛魚，每個船上的人都要站起來用各種不同的招式招呼海洋中正在回游的飛魚。有的用銀盔、水瓢、祭雞等來招呼魚類，幾分鐘後，每個船員全部下船領取祭血。一名船員將祭雞殺了，血滴在陶碗內，另一位船員專收換祭血的贈物。點灘頭上的聖石時，其他船組人員，不可以比領祭主船組人員先點，以免招來武鬥。大家全部領祭血之後，由領祭主帶領全村在海邊的男人往灘頭點聖石。點聖石是為祈求自己參加這年魚季捕魚平安無事，以及期望還可以參加子孫們類似的活動慶典，直到永遠。聖石為堅硬光滑的，此一儀式行完之後，就自行地回到自己家去，途中一定要到泉水清洗手上的祭血，不可以帶回家裏，以免招來不利現象。家中有還不能到海邊的男孩子，由父親們帶回沾有血的一塊石頭，讓這男孩行點式。

那些沒有祭雞之船組，隨他們的意願到某一船組領祭血，用小米、痲線、手環、小金片等物品來交換。之後到灘頭上選一塊光滑的小石頭沾上祭血,也同樣的祝賀自己。有小船人家，也去抹上祭血，以便迎福。在其他的部落，領祭血的方式，如果有一船組殺一條大豬用來祭拜魚季，沒有菜的人家，可以以金片換四分之一的豬肉，以金的大小為衡量的標準。

●飛魚季，家長帶孩子點聖石。

●飛魚季海邊點祭血。

祭血在雅美社會裏是非常重要的祭品，它有贖罪、迎福、辟邪等功能，於是每個船員領到祭血時，都塗在個人的小船上迎福，也可以塗在祭竹上辟邪，更可以塗在石頭上贖罪。所以祭血回家時，務必用清水洗去身上或手指沾有的血。

祭物的處理與認識：當招呼飛魚完畢之後，就留下一個船員把雞或豬殺開，然後除去羽毛燒著，把燒好的祭物切開，取出內臟，以肝與膽用來鑑別今年飛魚季的運氣。肝部代表一個船組的安危；膽部代表一個船組的吉利與否，所以把它取出來時，就有很多人去觀看它。當一個船組都很順利時，每個成員內心上都非常喜悅。相反的，不順利之船組，各個人都要默默不語，做事謹慎。

海邊行祭完畢之後，各人回到自己的家，還沒有到家之前，必須在泉水裏洗去手上的祭血。

宴食大慶：不是領祭之船組，他們在自己的家舉行宴食大慶，食物為地瓜、芋頭、山芋、山藷等，副食為魚干、肉等。吃飯一定要全家

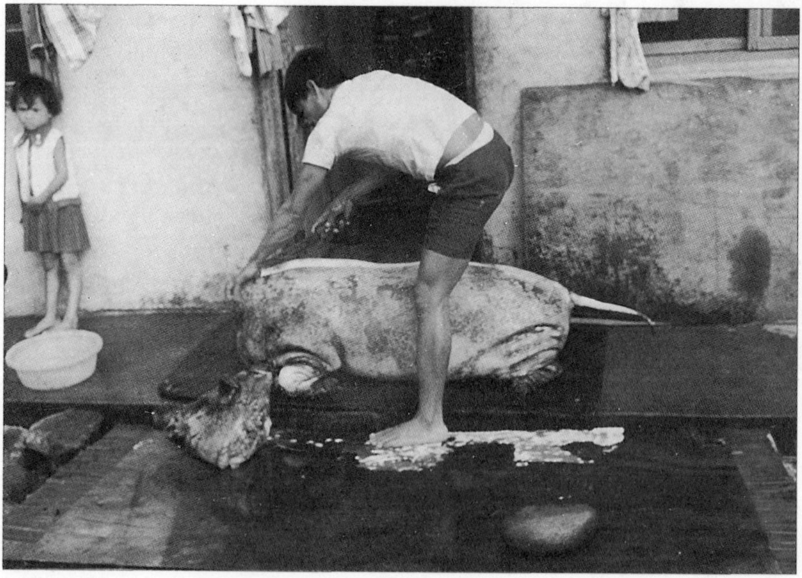

●分解祭物豬的情景。

人到，才可以開動吃飯，未到齊即開動之家庭將招來不利現象。祭品如雞、豬肉等，一個船組之成員必須全部都在船主家吃，不可以帶回家去吃。常得過敏症的人絕不可以吃祭品，以免遭到更嚴重的疾病。此日他們不舉行捕魚儀式，只準備明日的慶典材料，有的人到海岸手釣，做為明天的新鮮魚用。

領祭組各船員回到自己家之後，已經煮好的魚干，都拿到船主家，大家都到齊後，婦女們便安排各部門的宴食，有十位船員一桌，男的老人與小孩們各一桌，女的老人家一桌，中年婦女一桌，青少年女孩子一桌，共六桌，每一桌自取魚干使用。一切工作做完之後，大家圍在自己座位上開始用餐。有些部落，那十位船員，他們自備的魚干或其他食物等等，先全部集中起來再來分配。這樣自備差一點食物的船員，便可得到好一點的食物，這種精神誠然可佩，類似的做法只見於椰油、東清、紅頭等部落。

祭拜儀式的進行：他們用餐完畢，稍後休息，之後位在船尾擔任捕魚工作的船員，他在這時候，準備網袋、小刀、備槳等。其他的船員也都準備齊全，全部作業船員穿上禮服、手上帶玉環、頸上掛一串金片、頭上戴銀盔、右手握著佩刀等。由位在船尾的船員領頭行祭，其他人接著跟上，一路上不可以獨行，也不可以東看西望，以免招來不好運氣。

他們到達海邊的船時，有的船員拿雞毛插在船上，以便出海備用。之後十位船員全都上船唸經，然後招呼飛魚，這一節的工作做完，便做下一節的工作。由領祭者取一點海水潑在船上，並且撿五塊中、小石子放在船上，然後領隊回家，到達祭主家，必須摸著魚架，然後進到屋內，且口裏不斷唸出迎吉經文。後來又轉頭到海邊去，到達船上，也同樣地照上次祭禮儀式進行。回家時，領祭者把五塊大的石子裝在網子裏，然後領隊回家，到達祭主家也照著同樣的方式進行，那五塊石子放在魚架柱之柱腳下以便備用。其他船員，都把金、銀、珠寶、網袋掛在魚架上，然後大家都到涼台休息，整個儀式過程就此結束。

過了一會兒，負責釣大魚的船員，還要舉行

●雅美人在海邊行祭儀式。

●祭海神儀式。

小小的上鈎儀式。將魚鈎、魚線拿到室內叫Zazanegan，用邊吃邊行祭的方式祝賀。做法是把魚鈎綁在木棍上，然後邊吃邊唸出迎福經，迎福經是這樣說：「Ko imo toyotoyonen a pangnan namen a kano ovid namen. a macisaraho Ka do meyaharaw a vakoit Imo a pangnan namen ana da imo no among.」其意思是說：「我這樣地祝賀妳（魚鈎、魚線），希望妳常接觸大魚場合，更希望妳（魚鈎）能探囊取物。」如此的勉勵自己，也希望自己是個技術好、運氣佳，收穫豐富的水手，以造福更多的人，這是每個雅美人的希望。

其他船員各做應負責的工作，如煮祭雞，由一位船員負責分配的工作；祭雞的分配方法，以船員人數為依據，亦就是戶數，祭雞全家人都能吃得到。因為行祭的禮品，即便是微小禮物亦得以分享，因它是重要關鍵。捕漁夫也自動將所負責的漁具整理修補，另外其他水手到海邊檢查一下船內，有什麼部份壞了就修補，木槳也同樣的將之拴好。

至於其他部落的慶典儀式，雖然以紅頭部落最先舉行儀式，但是不到半個月其他部落也跟著舉行慶典，儀式的過程則大同小異。如椰油部落的飛魚慶典儀式，不同部分，就是領祭主之船組，他們是把大船先推出海中，划到一定的地方，領先做呼喚飛魚的儀式，然後返航。拖上岸後，不能和其他船隻平行，必須比其他船突出約三分之二的差距。這時候，等全村的男人到齊，才開始舉行儀式。他們是先殺祭品，大家一起來招呼飛魚，儀式完畢之後，各組船員回家準備一把乾蘆葦，又回到海邊，然後點燃火把，由領祭船主執行儀式，並且唸著招呼飛魚的經文，且祝賀大家出海平安。當完成此儀式之後，才各自回家用餐。

如果祭品是一條大豬的話，那船組除了留一點大家分享外，其餘的部分都轉售給需要的村民，由於豬是祭品，所以得以金片、銀圓、珠寶、麻線等來換豬肉，這時有家畜人家就有機會獲得金、錢、珠寶的回報。

第六節　捕飛魚及深水魚

在飛魚季期雅美人捕飛魚，因月份的不同，及魚兒隨暖流游近蘭嶼島的時間，而採取不同方式。巴巴到魚期中解祭儀式過後，才可自由加入其他船組，以魚網獲大量的魚。

十人船組捕飛魚及深水魚具有不同的期間以及方法。本族根據生物生態的自然律現象而訂定月份及季節性的捕魚，另一方面，也根據海洋暖流經過蘭嶼的時間，由此而訂定許多的規則，要本族人遵守這些規則捕魚，也就是遵守所謂的禁忌。

捕飛魚的方法

船組捕飛魚，他們必須按照月份改變捕魚的方法。在國曆三月份為本族的Paneneb，這個月份，一個船組僅一個捕漁夫來擔任捕魚的工作，也僅用一道漁具，不可以用其他漁具。這份工作不是任何船員都當得起，而需具備幾項條件：一、要有良好的體魄。二、能很穩定的站著。三、要有捕魚如探囊取物的天賦。四、要溫和和優雅的性情。五、其有忍耐包容的態度。六、要勤奮果斷。七、要熟知夜晚海流特性等。

國曆四月份為本族的Pikokaod，這時候，在下旬時，可用飛魚網來捕魚，上旬僅一個捕漁夫來捕魚。古時候，這月份捕魚只有一個人擔任，後來由於飛魚越來越多，便改為用飛魚網捕魚，漁獲量就可觀了。

國曆的五月份為雅美的Papataw，這月份下旬開始，就每位船員預備個人的捕魚用具，大家都可以在船甲板上捕魚，一直到飛魚游離蘭嶼為止，現在則多改用飛魚網捕魚了。

捕飛魚的過程

Paneneb時期

拜飛魚的那一天下午，家家戶戶準備一小把蘆葦乾到海邊船塢內剝開，這份工作都是年輕的男孩子擔任，由較大年紀者指示工作的分配。有的去砍蘆葦葉，大家把剝好的蘆葦捆成一小把一小把，將蘆葦頭部烤乾，以易於點火。做完後大家一人一把帶回到船主的工作房那裏放整齊，其中一人告訴船主說：「工作做好了。」然後各自回家去。

準備作業的船員，就在這時候，帶著坐椅和作業裝備，如木帽、甲、換衣、丁字褲等，陸陸續續地到船主家集合。到了黃昏清點人數，都到齊後，漁夫馬上生火點燃兩根木柴，那十個人全部都在會議室待命，不可以出一點聲音。那兩根木柴(Otongan)燃火之後,漁夫就命令其他船員換上裝備。大家準備好後，最先出去的是捕漁夫拿著兩根木柴及捕魚網(Vanaka)，接著就是其他船員位在船首的帶漁線、鈎子等，其他人則各拿一兩把蘆葦乾，兩位拿芭蕉布(Ipanakong)，十個人按著飛魚季節的

●飛魚季的掛魚架。

小路往海邊的船走去，不可以踏上別的小道。到達船上，各個船員拴好自己的木槳，位在中央的船員自動負責將火把綁在船腹中央。還沒有出發以前，該去方便的就在這個時候去，否則就……。

一切都準備好後，齊喊一聲，便合力將船推出去，按一對一對上船。大家上船後，捕漁夫用尖木棍刺出去趕走邪靈上船。划到一定的地方，大家停划休息，順手去拿插在旁邊的雞毛或是蘆葦片，祝賀自己平安無事，這是初航的第一規則。行完之後，抓住木槳繼續住前划。航行中不可以說話，以防邪靈跟來，招來不吉利運氣，只賣力划著船。負責取船內之漏水者，見到水多，不得擅自取水，得聽命指示，才可以取水，靠岸座位船員不得取水，只有靠外者才行。

一般的航行，船隻不可以太靠岸邊航行，防範撞礁。船隻航行在海面上，都是由掌舵的船員負責，他的責任很重，一切的命運都在他一人手中。到了快接近漁場，大家賣力划著，使船飛也似的破水航行前進，船隻兩邊的水，像

急湧的海流似地往後奔去。力不足的船員，無法糾正偏斜的木槳，划到預定生火的地點，在右坐位船員就停划而掌舵，他的槳由後坐位的捕漁夫拴好，然後開始點火。到了漁場由位在中央的船員抽出一把蘆葦交給負責捕魚者點燃。這時候，船員還是繼續慢慢的划著。火花茂盛後，擔任捕魚者就很快的把它豎立在後船尾的頂端，然後取出捕魚網等候游來的藍色飛魚。

這時，大家都爭看四周的水面，是否有飛魚游過來，船員們欲求個人領先看到，誰都不願示弱地放大眼睛，在火的照耀下，就是蚊子叮了很癢，也絕不可以東拍西摸，更不能說話，也不能搖動，堅守崗位地等待好運，等火熄滅以後，才可以任其抓癢、說話等等。但說話小聲，否則招來魔鬼上船。如果那一位船員看到了飛魚游近船身，不要叫喊，只說：「Ala kado avat ko」其意思說：「請來我這兒。」守候的捕漁夫聽到這聲音，馬上注意聲音發出的地方，專注地等候牠們。等魚兒游得很近了以後，網子一套，就可套上。如果有連續兩、三條飛魚來時，就以很快的速度一一捕捉。在燈光下，不可以去摸海水，也不可以用手指飛魚，更不可以搖水，不可說不是作業用的話。在整個作業過程中都保持冷靜，只有待命行事。

如果捕到飛魚，預備的祭竹Rala，由位在船首的船員遞給在捕魚的漁夫，祝賀好運連續上門，希望捕到更多的飛魚。船員們只能暗地裏高興，不可以出聲地哈哈嘻笑。第一次捕到飛魚，還不可以釣大魚，就是大魚浮游地去咬船板，也不能釣，待下次出海後才可以釣大魚。

釣大魚的過程是這樣有規矩的，如捕到二、三條飛魚時，就會有人建議釣大魚，位在船首的船員故意沒聽到地把釣漁具傳給最靠近他的人，叫他傳遞給釣夫。在作業中做這種工作，不可以在燈光下進行，只有船在航行時或沒燈光下才可傳漁具，這是釣魚的要領、船員們必有的常識。漁具傳到了釣夫，他故意不知情，旁邊的船員以為他不知道就摸摸他的丁字褲，說：「釣具在你旁邊等了很久。」釣夫說：「我知道，這是幹什麼的，僅會淋濕丁字褲的。」其意思表示己身的謙卑。這是作業道德的一部份，不像其他民族那樣，以傲慢的態度說：「好！拿來，我會釣到大魚的。」不懂謙卑的重要性，這種作業行為在雅美社會裏會遭人唾棄的。同樣的在沒有燈光下，捕漁夫(Mivanavanaka)，挑出大魚兒最喜歡吃的飛魚給釣夫作魚餌。選擇魚餌也是一門學問，因為飛魚不是大魚都喜歡吃的，要能看出那一條飛魚才是大魚喜歡吃的。釣夫進行的工作都是在沒有燈光下慢慢做。其他船員不斷地注視他，心想，怎麼還沒有把鈎子放下，不是越快越好嗎！魚餌的殺法是這樣的：先去除魚鱗，之後剖開來取出眼睛、內臟、切斷翅膀，先切一半再切成兩半，僅用四分之一的小半作魚餌。釣夫也有他個人的技巧，這釣魚技巧不可傳授於他人的，為專利。就一般來說，拖線是不超過貳拾碼的長短，靜下休息在釣夫身邊不超過五到六碼的長度。如果大魚遇食上鈎，片刻時間，個人發揮出不同技巧，有的因驚慌順手即拉，有的先放出五、六碼的線，才伸手往裏縮，且不出聲。

這時候，旁邊的船員看到了，就低聲說：「Koawdan kamo ta da niyakan。」意思是：「快划！快划！你們魚上鈎了。」大家猛然地划著，使船飛也似的往前行，也使鈎子鈎在魚兒越來越緊，魚兒也無法逆行的逃跑，只有順線被拉，根本沒有緩衝餘地，於是魚兒到了船邊，位在船尾的船員便從鋼線拉起，將大魚送到船內。之後釣夫以喜樂的心情慢慢處理、解鈎。這時候，其他船員聽到魚兒已經上了船，翻滾在內，他們才肯放下槳子不划，打聽是何種魚類。如是好魚Vaoyo、Tilat等，大家高興的說不出話來，更勤勞的划著船。那條好魚，釣夫用海水及祭竹祝賀，希望今晚的運氣吉祥，然後用繩子綁住尾巴，不讓它逃掉。一邊的勾子，勾住魚口，使它動彈不得，如釣到其他差一點的魚，就不必如此的祝賀。

在漁場捕飛魚，採取巡迴的方式，但是也要看海流的方向及風向以及魚群的位置，這些常識不是全部船員都能了解，只有經驗豐富的人才有之。火把用完之後才返航，因為漁獲豐盛而心情非常快樂；若捕少或放掉了些大魚，則心裏悶悶不樂，恨不得與魔鬼算帳。到了在預定的地方，由捕漁夫數著捕獲的飛魚。最好而且吉利的數量是單數三條，其次一、五、七、九等數。如果有一天晚上釣到三條或四條好的大魚，就可以等到天亮才返航，這是海上作業規則。當天亮返航時，航線比較向外一點，與平常航線不同。部落人知道他們還沒返航，都到聚集場所瞭望，如船隻航行過外，就知道他們有點收穫，再外一點是豐收而歸。大魚再多一點，掌舵的船員，船在港外時，他就站起來，表示大豐收的根據，這也是作業的規定，每個船組都必遵守。船隻到了港內，村子裏的男人都以渴望的心情到海邊幫忙拖船，因此海邊頓時熱鬧起來，他們對船員有說不盡的賀語。

第一個月捕飛魚結束之後，接下進行的第二個月捕飛魚工作，這個月份的海上作業不比上個月緊張忙碌，可以解除一些規則「禁忌」。

Pikoaod時期

在第二個月份Pikokaod複名Pisyasyay，捕魚的方法與規則，在上旬時間和上個月一樣，僅是大同小異。到了中旬至下旬，每一個船組都可以用飛魚網來捕魚，但是有的部落不採用飛魚網捕魚，一直用一人套魚方法，不肯改變作業方式，此視其地方的特殊習慣。但是釣大魚的方法倒是不變，釣到大魚多了也一樣，天亮了才返航。

捕魚期間，返航不可以到淡水裏洗澡或洗臉及腳等，直接到船主家去，也不可以分散或是陸陸續續的去，要以縱隊排列回船主家去。大家都抵達之後，將還沒有燒完的蘆葦點上火燒，大家圍聚著取暖，談談這次出海經過，火梗自滅後，大家回到自己的家裏吃點心。吃點心的方式各部落亦有其不同，就漁人部落來說，他們回到家裏把自己的點心拿到船主家，大家一起分享，如此較好，因具有團隊的精神，且能關心家無點心之船員。

在自家吃完點心後，又帶著被子回到船主家睡一個晚上，有些比較老的船員睡不著就唱歌、聊天到天亮。睡在船主家的時間，僅為第一個月，表示不讓一個船主的運氣分散。如果釣到大魚，老人家都很高興的到船主家唱歌，一直唱到天亮為止。住在船主家近鄰之人聽到他們在唱歌，就知道該船組大豐收，即有共同的認同，不會加以阻止他們，反而去探聽捕得多少大魚。

到了第二個月時，捕魚歸來的船員，在船主家取暖後，就可以回家睡了，不再睡船主家。但是，如果釣到大魚，這個規定還是存在，船員們一律睡在船主家，不但如此，還要很高興的唱歌，以及聽聽長輩們陳述經驗，增廣自己的漁業常識，一直到天亮為止。

船主為了答謝船員們的辛苦，就在第一個月的中旬，即月圓不下海捕魚的時間，當天晚上舉行一個大宴會，讓船員透透氣，在船主家唱歌，述說無盡的捕魚故事，也為魚季中的插曲，有的船組僅用小米來聚一聚。最隆重的是採一大盆的芋頭、地瓜、山薯等，煮一大堆的魚干。另有的船組知道今晚船主要答謝船員的辛苦，就動員年輕船員去捕魚交給船主處理，使船主減輕負擔。到了半夜，宴食都預備妥當了，船主就挨家挨戶的去通知船員。人員到齊後，食物已都準備好了，大家分配魚干，圍在一起用餐，還沒用餐之前，船主說幾句慰問的話，之後就開始用餐。

吃完後，稍微休息，吃吃檳榔，接下就開始唱歌，會唱的船員都輪流地獻唱，年輕的船員就可從這兒學得世承的古謠，一直到天亮才結束宴會。

Papataw魚期生活

雅美人的巴巴到魚期，是魚期中最特殊的一個，它不但是本族「雅美人」最集中精神及勞力的一個月份，也是本族雅美人自己家庭魚季中運勢好與壞的起源。

很早以前，並沒有這個巴巴到魚期生活，和往常一樣是自部落成立以後，漁神告訴通神巫師的本族人酋長，舉行這種魚期生活。當時過程是非常簡單的，經長久時間的變遷與發展，才形成現在如此隆重的儀式。

準備工作：巴巴到魚期到時，男人們從船埠中推出各人的小船，把大船拖回船埠內，準備個人在海上釣飛魚及鬼頭刀魚的作業。最初男人穿著禮服，帶著手環和小斧頭上山砍魚架，本族話叫「Mabaso zazawan」。上山途中，取

巴巴到出海捕魚標示。

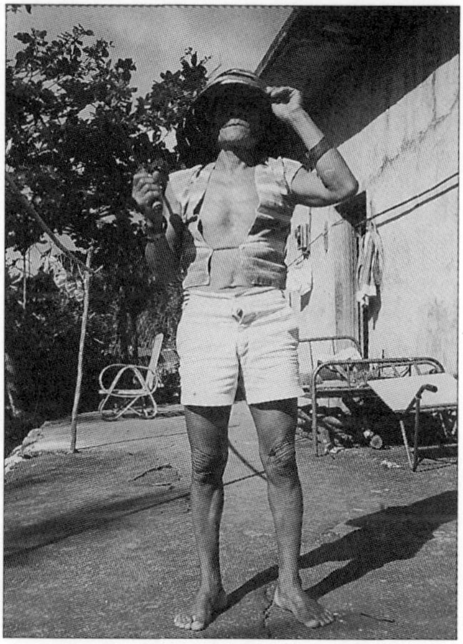
去海邊祭拜飛魚。

材的男人故意尋著迎面而來的「女人或外地人」，依個人方式而不同，或向女人招手，或與外地人打手式，讓他們遞給他香煙，如此是讓自己在海上能捕獲大量的鬼頭刀魚，因為他們是代表魚獲量。

到了森林中，不僅尋找可取的材料，毒蛇「青竹絲」，本族話叫「Ma vowao」，也是他們尋找的對象，不但尋找牠們，而且希望有更多的獲得，因為毒蛇是吉祥的象徵，能迎來福氣。以上的工作，如果是兩人的小船作業，就派年輕些的擔任這份工作，但是也有的人隨著天意行事。

取材的第二天不進行儀式，做其他應要完成的農事，如田裏的雜草、製作的工具、食具等都要完成。參加領先祭拜的人，在這天要準備宴食，挖地瓜或山芋。這一天的行事，本族話叫「Mangap do kasngenan」，亦有的人因為在工作上人手不及，而延後幾天，才舉行慶典儀式。

在還沒有舉行祭拜儀式以前，有二天採取食物的日子。第二天採取宴食的日子，本族話叫「Mangap do kasngenan」，大部份的人都要到芋田裏挖芋頭，女人在田裏放著三根有葉柄的芋頭，如兩人船者要留六根芋頭，這些芋頭由男人帶回家，男人與女人取食物有不同，男人必須穿上禮服去把那些芋頭背回家，不可進到室內，放置室外，不可以愁眉苦臉的去執行這份工作，要以快樂情緒去做，否則招來不利後果。另外有殺羊、豬的人家就在今天殺，不能留到祭拜那天殺，因為親戚、朋友都吃不到那些禮肉。這種你、我關懷的感情，永遠在本族社會文化中存在的。到了下午，放置在室外的祭芋三或六根的芋頭及所取的魚架，由男人扛回家裏，船隻也推出灘頭上，這些工作都要在今天完成，否則明天的慶典儀式辦不成的。

至於明天的宴食及其他預備用具等等，都要在今晚一律將它完成預備，祭芋頭，不可以和宴食一起煮，這是巴巴到魚季文化的規範，人人都必遵守至今。

巴巴到慶典儀式的過程：各部落均不同，時間、地點、過程、什貨等都按各部落的方式進行，雖然如此，但是目標則是完全相同。在這一天裏，因為已經為家庭迎來福份、好運的過程，不可以有其他人阻擋，這個規則，本族人不但認同，也很重視。

還沒有行祭之前，首先素裝禮服，然後用餐。慶典中的儀式全部由男人執行，執行中，他們以笑面迎合外來的外地人，讓他們隨意搶鏡頭，結果兩方都有利：一方可得到相片做紀念，另一方得到巴巴到魚季永遠的祝福。另外有特別的儀式表演：常為魚鈎行祭時，以咬飯和菜也把魚鈎摸著用力拉，便說著經文：「魚這樣不斷的將魚線拉去。」亦就是上鈎之意。這種象徵性的表演儀式在其他民族中的文化裏是極稀有罕見的。在儀式中，有二次往返在海邊的小船上，每一趟的行走都要注意四周，以防萬一，處事謹慎的態度，莫不人人有之。行祭中，扛著一枝木槳，本族話叫「Atkaw」，背著網袋裏的道具，在海岸邊選取五塊小石子和石頭，小石子留在船上，大石頭背回家分配在五根魚架柱下備用，小石子代表海上作業的運勢，大一點的石頭是安置在魚架下，也表示魚架上能掛著豐富的收穫。儀式中有一次用海水潑在石頭迎福，也有一次站在船上用金、銀等其他呼喚海洋福氣歸來，並做著安全措施的工作。儀式道具，如竹子安立在船及搭線的架子，每一樣東西的放置都有賀語迎吉，並且一節一節的細心完成。儀式完成之後，所使用的禮服、珠寶、網袋、刀等都要掛在魚架上展示。最後把使用的用具綁好在船上，以免海上作業翻覆時丟失。下午照規定燒便當的柴火，由男孩送進室內。

至於巴巴到出海釣飛魚，在還沒出海以前，傍晚時，男人就煮女人預備好的便當「地瓜、芋頭、山芋」。當天未亮之前，就準備捕魚之用具到海邊自己的船上拴好木槳，但是不可以領先出海，一定等候下海捕魚的村人，這種團隊精神的理念在雅美人還存著。大家都把船排成橫形式，出海的都到齊了，由村子裏的領祭主(Mikokaod)的人，最先推出船隻，然後船隻陸續的出海，又在一定的地點集合呼喚外海中的飛魚。

本族人在海上作業時，沒有魚上鈎，就唱出美妙歌聲，來讓魚兒聽了往有聲音的方向游去。有人說：運氣的運行，是很難預料的，在本族文化社會裏非常重視它。除了重視運氣之外，還很賣力的在海上做各式各樣的航行，來尋求魚兒上鈎，雙管齊下的技巧，是漁夫最特別的方法。釣到了飛魚，便取出祭竹(Rala)或潑水式的祝賀「飛魚」，並唸出賀語：「Pey Papiyi Ko O Kalavongan Niyo」，其意思是說：「希望獲得更多的你。」類此的精神文化，在其他各民族文化也有，然後輕輕的放在魚艙裏，釣到大魚也如此的行事。祭竹行賀時，只接觸在飛魚嘴上和眼睛，它的用意是讓飛魚很明顯的看到魚餌而上鈎，其二讓飛魚一見到魚餌搶食。上古的本族，雅美人已經計畫的很詳細，而流傳至今。

巴巴到漁獲的處理：出海回來後，如有獲得鬼頭刀魚（Aravo），先停住拖船，然後把鬼頭刀魚拿下來再拖上去，沒有釣到鬼頭刀魚，不這樣做。

最初捕獲的飛魚和鬼頭刀魚拿到岸邊，然後取海水潑在牠們身上，口中並唸著：「希望或能捕到更多的你們，因為我是你們相識的人。」接下來就把牠「飛魚」的翅膀切斷三分之二，然後除鱗片洗水裝入網袋裏。至於鬼頭刀魚的處理方法，首先切開腹部，將內部不要的部份切掉。胃部切開洗淨，卵部取出「生吃」(Pozisen)。鰓取掉，心臟當場生吃。然後將翅膀和下部的鰭切到尾巴取出，這叫「Ran-gaw」，再來把鬼頭刀魚洗淨。有一種特殊的方式，就是把鬼頭刀魚吃過的魚餌「飛魚」，切成小塊放在取水盤內，用便當「地瓜、芋頭」在海邊生吃，叫「Mamozis」，以上是海邊處理漁獲的方式。到家之後，魚尚未殺開之前，女人取出貴重的珠寶，由男人安置在魚身上，再附上幾句賀詞來祝賀幸運。飛魚必定殺開，取出兩隻眼睛和卵子才能煮，魚眼和卵子用海水浸

●飛魚季巴巴到晒魚。

生吃，殺開的飛魚用盤子蓋著放，如三條飛魚，一條煮，二條晒著。至於鬼頭刀魚，殺開之後，只有牠的內臟和削去的肉片煮，其他部份全部日晒。採用的繩子是祭繩來綁，抹鹽之後，就吊著日晒，魚的日晒，也展示幸運。

魚季中，魚類的煮法各有不同。太陽快要下山的時刻才能煮飛魚和鬼頭刀魚。進食之前，一家人都要到齊，且圍坐在一起，父母親都穿上了禮服，戴上珠寶、黃金、銀帽，表示慶賀幸運。魚肉入口時，也要說賀語，表示自己永遠幸運，不過各部落仍有所差異，亦有家制不同點，有的人家不損壞飛魚的翅膀，以免影響幸運。鬼頭刀魚也如此，各部落有不同點，如鬼頭刀魚的頭骨在其他部落吊著展示，紅頭、漁人等部落沒有這種展頭骨儀式。

巴巴到魚季的飛魚處理方式，有二種：其一是白天所釣的飛魚，煮的和曬的有不同的處理，煮的切斷三分之一的翅膀，殺開後左邊兩道，右邊切四道，魚丸和眼睛取出然後往頭部折去。日曬的切法相同，內臟部份全部取掉，由眼睛綁著吊起來曬。其二是夜間捕到的飛魚，殺開後，左邊切兩道，右邊切三道，同樣的也取出內臟，從右邊的第三道裏綁繩吊著日曬。煮的部份，兩邊切三道，腹部切開取出魚膽即可。如此的處理方式，很清楚的分別日、

●巴巴到晒鬼頭刀魚。

夜間捕獲的飛魚，不會有含糊不清的吃法。亦另外有一種禁忌規則，日間獲得的魚，不可以烤在火裏，另外不可用來答謝別人的，這是最大區分因素。

巴巴到魚期中的農業生活：巴巴到魚期生活中，除了做漁撈方面的工作以外，還兼顧著農業方面的生活，在這段時間，女人她們必須上山尋找一些螃蟹(Teyngi)來慰勞男人在海上作業的辛苦，使她們沒有一點時間休息尋找螃蟹，因此有女人不吃早餐就帶到山上做為便當。女人上山尋找螃蟹不是盲目的去，而是根據她們的多年經驗或地理環境判斷，才決定地點的選擇，如此有計畫工作換得滿載而歸。

她們除了上山尋螃蟹之外，還要做收割小米的工作。有時，男人也幫忙女人收割小米，兩人合作儘快完成收割小米，有一點空餘的時間就處理小米，分成一小把一小把的貯存起來。農場在這個月份當中，所種的小米也大半都成熟了，收割的工作就由女人擔任，她們每天上山收割，回家後一把一把的曬乾。男人偶爾有時協助收割的工作，小米曬乾後，一把一把的綁紮成束貯存起來，準備收穫節時展示，表示自己的能力不亞於別人。

解祭慶典儀式：巴巴到這個月份到了中旬的時候，各部落訂定的日期都不同，因日子推算的結果而定，如一個部落的推算覺得這個日子到了，就聚起在一個場所協調舉行解祭儀式的慶典，這個解祭慶典儀式有五天各不同的方式。第一天取聖水叫「Motaw」，第二天煮聖魚叫「Mipazazaneg」，第三天相互慰勞叫「Minganangana」，第四天祝賀祭叫「Mipowapowag」，第五天珠寶祭叫「Mapasagit so Ladang no Zikos」，經部落人商量決定之後，就開始舉行儀式。如果巴巴到魚期部落裏有領祭主的話，就得聽他一個人的指示來安排巴巴到一系列的慶典儀式。如果沒有就大家討論決定慶典儀式。至今，有的部落已經縮短釣飛魚的時間，僅在五天以後就舉行解祭慶典儀式，為的是能有更多的時間去網捕飛魚，增加收益。

解祭慶典儀式的過程，經協商決定之後，就開始舉行第一天的慶典儀式：取聖水祭。當天

●解祭慶典儀式，取聖水祭。

下午取聖水的男人都聚起在特定的地點，由部落長老領隊到海邊取聖水「海水」。取聖水者全都穿上禮服、金片、銀片、手環等財物，一步一步的走向海邊去，回來到特定的地點，就各自往自己家的方向去。聖水進到家時，就要唸出祝賀的語詞，說：「祝我全家人飲用這聖水直到永遠幸福。」然後把聖水放在室內左側叫「Sarey」，這個儀式就此結束。

第二天的慶典儀式：煮聖魚祭。天剛亮，就開始煮聖魚，如大魚「鬼頭刀魚」的下鰭(Zangaw)部份或一條飛魚，沒有魚的人家煮一片豬肉。進食時父母盛裝禮服、珠寶、金、銀等，並祝賀自己，說：「祝本人吃聖魚祭，能白髮偕老，直到永遠。」不會祝賀自己的孩子們，作父母親的為他們祝賀唸語，吃完之後，便告結束了。在這天，女人上芋頭田準備明天芋頭糕用的芋頭，男人則打小米或是上山預備明天使用材料，也有的下海釣飛魚，村民大忙一天來迎接明天的來臨。

第三天的慶典儀式：相互慰勞祭。前天的晚上，有的女人就削去做芋糕的皮，一大早就把收集的螃蟹裝在網袋裏洗下鍋子。在這一天女人是最忙的時候，人多的人家他們互相幫忙，很快把事情做完，相反的，一個人忙的要命。女人全部都準備好後，便叫先生用餐，這時男人穿上禮服，帶上金子、銀、手鍊等珠寶。女人把弄好的芋糕端在丈夫和男孩子們的面前，然後將螃蟹肉分給他們後離去。螃蟹肉入口時，便說賀語：「我永遠幸福吃著太太慰勞式的食物，直到永遠。」男人吃完後，女人就送父親或哥哥、弟弟慰勞的食物。到了下午男人又忙著打小米，準備明天的宴食，女人或孩子們上小米田取幾棵小米和欖仁樹的葉子作為明天行祭的材料。在今天的晚上，不要讓孩子們睡在外面或他人的家，因為明天行祭時找不到人參加儀式。

第四天行祭儀式：「Mipowapowag」祝賀祭。天還未亮之前，就開始煮祭米和宴食用的小米，夫婦兩人合作，把事情做完，女人也同時預備使用的珠寶，以便備用。凌晨四、五點鐘，一家人大家團聚在一起祝賀自己歷年來的幸運。首先父親為長子祝賀，接著按順序，母親對女孩也如此的行祭。家庭成員拜好之後，父親還祝賀屋子、黃金等，然後男的孩子們到海邊的船上祝賀自己很幸運的度過魚期的生活。母親方面也一樣，帶著女孩們到泉水處祝賀自己像泉水般的聖潔而度過魚期生活，然後回家，這種自我反省祭式，永遠存在本族社會裏。每一戶家庭全部以小米為早點，它能為自己迎福，用完宴食之後，男、女各分別去做所要做的工作。男人整修晚間捕飛魚的網具(Vanaka)，也有的到山上的羊兒那裏去拜拜。女人們背著籃子上山到芋頭田裏行祭、挖芋頭等工作。每一處的芋田都用小米來祭拜它年年豐盛，果實纍纍直到永遠。祭完之後，就挖田中最大的芋頭作為這一天的豐富宴食背回家。行祭之前，她們首先用蘆葦驅逐田間之惡靈，然後行祭。

宴食準備完成之後，一家人全部都穿上禮服、金、銀、珠寶等，孩子們也如此，但禮裝不夠就免了，吃飯時，男人一律靠右邊，女人靠左邊，大人坐前面窗口，孩子們坐後面地板，姿勢要端正，不可以東看西望，也不可以盯著盤內的食物，更不可以在吃飯中講話，這些規則按各人家制而行，今天祭拜就到此結束，準備迎接明天慶典儀式。

第五天行祭儀式叫「Mamalcing」。在今天行祭時，大家要分工合作，女人上山取食物，大的男孩到海灘上抓螃蟹，男人要出海的出海，不出海的就先舉行在船上棄祭儀式，另外各船組集合把大船推到海邊上槳準備夜間捕魚。

捕魚回來的人才能舉行棄祭儀式。抓螃蟹的男人回來後，把一隻螃蟹綁起來吊在魚架上，表示豐富的收穫，女人煮好宴食，便準備食物。一家人全部要到齊用餐，用餐時，同樣的穿上禮服、金、銀、珠寶等裝飾，吃飯的位置也是一樣有規定的坐位，食物入口時，也要祝賀自己長生不老直到永遠。所使用的祭食規定到中午吃完，不可以留到太陽下落的時刻，因為一切的福氣也跟著下落的太陽無法回昇，雅美人非常重視這一環的精神文化。

如果捕到鬼頭刀魚而作為祭禮，當家僅以小片魚肉作為祭禮Pasagiten，其他部份仍可以請村子裏的親戚、朋友共餐，餐後大家聊聊這個月份運氣及捕魚情形，到了下午男人們便準備夜間捕魚用具材料，最後的慶典儀式到此結束，亦從今起就開始夜間捕飛魚了。

巴巴到的勞務分工：在這月份有許許多多的工作，一個家庭裏的成員，大家分工合作的達成定期的目標。因此由家長計畫分配工作，男人除了在海上捕魚以外，還可以協助女人收割小米、打柴、以及生活各項慶典儀式的活動、魚餌的尋找、放羊的工作等等全由男人去達成。女人方面的工作，有尋找螃蟹，收割小米，料理家務，上山獵取食物，招待丈夫捕魚回來，飼養豬等等其他工作。男孩方面的工作，有大一點的孩子，尋找魚餌、打柴、協助母親收割小米及貯存的工作、養豬、水道灌溉疏通工作、協助拖船等工作。年紀較小的參與拖船工作，協助家務較輕便之事，如跑差事、提水等等工作。一家成員如此的在魚季中互相搭配來達成他們所願望的目標。

至於巴巴到飛魚季各部落儀式的差異則要看各部落的文化領導者，是否具有民族文化的認同感，或是主張個人主義，或為不成熟的領導者。種種原因，導致慶典儀式上的差異，甚至造成部落與部落的衝突與對立。這種問題以前曾發生過，不知傷了多少人，消耗了多少物質，更嚴重的是造成雅美社會的分裂。這個月份乃是雅美人經濟社會中，生產最競爭的時候，所以前人訂定許多經濟的律法來維持生產量，進

●飛魚季，綁螃蟹腳。

而促使社會的繁榮。

總之，雅美人在這個月份的生產計畫，主要是由男女互相配合努力完成的，男人忙於漁撈，不但白天釣飛魚，晚上仍繼續網飛魚，直到天亮後，還要處理捕來的魚。女人方面，則忙於農務工作，充盈更多的食物，為的是能夠使更多的人分享收益，使無法工作的人享受無窮，最後形成最重要的巴巴到魚期生活，並代代相傳至今。

接下來談這三個月半捕飛魚的過程。船員在這期間捕飛魚，可以搭上其他船組的船來捕魚，參加其他船組的情形是這樣的，第一種狀況是，如果一個船組集合在船主家時，人數不夠七位，就可以解散去找不夠船員之船組。第二種狀況是早上就被通知參加他們船組的捕魚，這時候，就準備一把乾蘆葦，到了下午，便加入那船組的作業。也就是在這三個月當中互動作業，使各組船隻不可閒置在岸上，也為了使雅美人平均分享所獲的飛魚，使家家戶戶都有飛魚曬，尤其是沒有船的人家特別受關懷。

作業的過程，十個船員都有自己的捕魚用具，在海上作業大家都蹲在甲板上等待游來的飛魚。碰上大群而來的飛魚，不知如何的去捕捉，只覺得自己的漁具沒有辦法負荷，都盛滿了游來的飛魚。不一會兒，船就像要沈下去的感覺，再撈一次，整個船隻就滿載了，但是有時僅有幾條而已。返航後就在海邊將捕獲的飛魚平分帶回家，掛在魚架上或是殺魚的木筐內。

這種捕魚方式，一直使用到飛魚不在海面為止，此非常原始，獲得魚量有限，僅是裝滿了船就返航。如果漁獲量多，全體船員都邊唱邊划。這時候，村子裏的人聽到歌聲，便打聽是那一船組，其他部落的方法也是一樣。沒有出海的船員，都到海邊幫忙拖船，聽聽這船在何漁場捕魚。

捕深水魚

船組捕深水魚的這種捕魚方法，不可以在飛魚期間同時採用，因為深水魚的漁獲量不比飛魚多。通常都是在飛魚走了以後，才開始抓深水魚。

禁忌

捕深水魚的禁忌，僅有一條，就是太太懷孕的先生不可以上別人的船捕魚，不過，如是同組內的船員，他們是可以上自己的船作業，僅是不可以摸他人的漁具。

漁具

捕深水魚的漁具：一、魚槍，二、垂釣，三、網魚等三種。這三種漁具依洋流及船員的專長彈性使用。如一個船組擅長網魚，他們就專用魚網去網魚；垂釣的也一樣專用垂釣方法捕魚；打魚的專用打魚方法捕魚。雖然如此，以上說過，在海上作業，必須視海流來決定採用何種捕魚的方法。

方式

捕深水魚的方式，一個船組按照每一個船員的專長下海打魚。會打魚的，就用魚槍；會釣的，就用手執釣魚；不用這類漁具的，則採用網魚的方法。不過使用漁具，如前面所說的，必須依照海流來更換漁具，如此順應自然環境作業，是雅美人覺得收穫最佳的方法。

船員打魚可分為三級，第一級為外海；第二級為近海；第三級為沿海。外海打漁作業是專門在外海很深的地方打魚，由具有經驗的船員擔任，且體魄要好，具備能潛水幾分鐘的能力。近海打魚為一般船員都可以擔任，僅視其個人打魚技巧之好壞。沿岸打魚是專門在海岸礁石打魚，需具有相當的打魚技巧，懂得誘惑魚兒，及上下左右側面的打法，這三級捕魚的方式與過程都不同。外海使用的魚槍較長些，大部份魚槍都有綁著拖線，潛海的人在海底打中了魚，在水面上的人馬上順手拉著這條線，使在海底打魚的人很輕鬆的浮上水面。近海打魚者，使用的魚槍較為普通，不須要綁著線，且打魚的地方人人都可以潛入，打到的漁獲量通常較少，不過，如運氣好，則魚獲量也很可觀。沿岸打魚者，使用的魚槍較短，好方便地使用，應付迎面而來的魚較方便，尤其探石洞內的魚更好，捕獲的魚大部份都是女人魚，比較好，且都是大的魚兒。

垂釣是在船上放線，綁著一塊石頭，把魚餌送到海底去，魚見了爭先恐後地搶食，船上的人發覺魚兒上鈎了就趕緊把牠拉上來，技術好的，一次可得兩條魚。海流平靜時釣到的魚非常可觀，這種捕魚方法為最原始。

網魚是在沿岸的地方作業，把在岸邊的魚趕往魚網內，人看到網內有魚，就拼老命的去抓。網魚的魚網形成像U形的，每兩邊都有潛水健將守候著，大量的魚兒進網之後，這兩邊的兩個人看到，馬上潛入海底，把在海底的網門給封閉，讓魚兒逃不掉，後面趕魚的人趕到時，大家合力把魚兒用手或咬死，然後把魚網拉上水面來。這種網魚的方法捕魚，漁獲量最豐富，尤其碰上魚群時，就可滿載而歸了。

●飛魚季巴巴到的木舟。

第七節 吃魚的方式與過程

雅美族傳統生活文化裏，充滿各式各樣的規則與禁忌，尤其對經濟生活相當重要的魚季，不但捕魚過程中有許多規矩，殺法、烹調及用具、吃法及地點……皆須遵守古傳的規則，以迎福辟惡。

雅美族吃魚的方式與過程都不同，月份也有差別，煮魚的地方也是不同，吃的地方也是不同，殺法也是不同，食具也是不同。這些不同方式的做法，本族古時候的人早已訂定而實行，這是雅美族根據不同的魚類而設計的規則，是雅美生活文化中很重要的一環。

吃飛魚的方法

一個船組返航後，不可以馬上把飛魚拿回家，必須要等到天亮後，才可以拿回家，而且一定拿到船主家，不能帶回到自己的家，這是在「巴了了鉢」兩個月間所做的工作。天一亮，

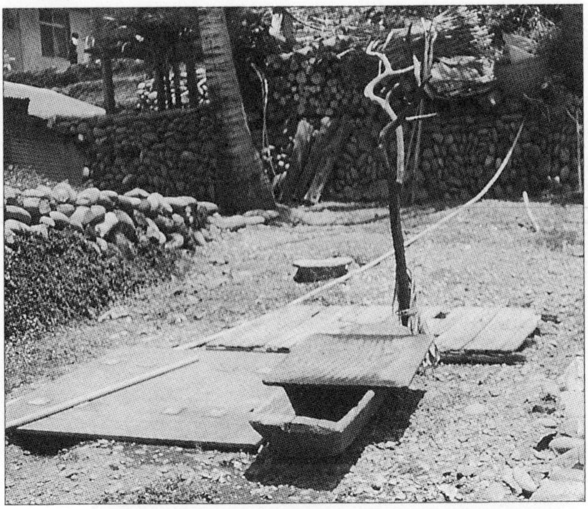

●飛魚季處理魚之處。

●雅美人一起打魚，一起分魚。

船組的各家孩子們聽到爸爸捕到了飛魚，馬上跑去海邊的船上，清理船內的雜物。等到各船組拿飛魚的船員都到齊了以後，才可以把飛魚從船上卸下。雅美族這樣做是為了部落的族人更團結合作，精神上不可以讓一個船組落於人後，造成不和諧的社會。

各個船組都到齊了，大家一起把飛魚卸下在船邊，魚在地上不可以馬上刮去鱗片，先派一個人去取一手海水潑在飛魚身上祝賀說：「比巴比尹啊尹那門吾卡拉弗安牛。Pipapyai namen o Kalavongan nyo」意思是說：希望捕獲更多的魚。事後才除去魚鱗，除鱗也有規定，不可以用其他東西，只用竹或蘆葦片等。在海邊洗完後，拿回家不可以手提著，須裝在魚網袋內，務必用背著，背面墊著身甲。背飛魚不可以由沒下海捕魚的人去擔任，務必是下海作業的船員才可以，走的路也要按飛魚的路走，不可以踏上別人家境，更不可以拿到自己的家，一定拿到船主的家去。道路不可以隨便走，務必走一定的路線。到了船主家，要放在專門處理飛魚的地方，每一個船組都是一樣按照規定去實行。飛魚到了船主家，又如何殺法呢？飛魚在木缸(Palamamongan)時，捕漁夫(Mivanavanaka)就用金片、銀環、祭竹等來接觸祝福，點在飛魚的眼睛及翅膀、身體，並唸出雅美族賀語，說：「Ko imo raralaen mo katowan a akma kamo iomyoyo a ranom a omatao so kavanowan namen sya」意思是說：「祝賀妳們，但願妳們游回我們近處的漁場上，為我們獲得。」行祭完之後，祭竹掛在原處，以便備用，珠寶拿到屋內掛上。漁獲量，如果是三條，兩條務必殺開日曬作為中午的祭餐用，一條作為祭晨之意——船員以飛魚肉祭自己，亦是早餐。切法將一條飛魚的兩邊各切三道，腹部切開取出膽子。飛魚下鍋時，先不能蓋鍋子，因為會造成飛魚進不了鍋，不能豐收，雅美人很重視這個規定。魚湯必須加海水使均勻，之後蓋著煮。在煮的飛魚，水滾後，務必用蘆葦乾點燃照明，否則會招來不吉利的現象。如果看到飛魚的眼睛突出，翅膀撕開似的，就可以將木柴梗取出來放著幾十分鐘冷卻，不可以馬上倒出在碗內，這是飛魚季中很重要的規則。

那兩條飛魚，將牠殺開，刀法從頭殺到尾部，左邊切二道，右邊切三道，然後泡在水裏，之後由女人取出魚眼和內臟部份，魚眼另放一盆內叫Mamatan，內臟部份放在叫Zezetban的木盆內。洗好這兩條飛魚之後，女人用芭蕉繩綁在第一道線上，然後放在板上，掛在魚架上，不可以由沒有出海捕魚的船員去把飛魚掛在魚架上，只有今晚下海捕魚的船員，才可以做這份工作，否則會招來抓不到飛魚的壞運氣，每個船組都認同這個規則。飛魚掛上後，男孩們才可以吃魚眼卵等，在還沒吃以前，先由捕漁夫以點式的祝賀說：「Peypapiyai namen o kalavongan nyo」意思是說：「希望下次捕到更多的妳們（飛魚）。」說完後，孩子們圍在一起，就開始吃了。在吃的孩子們，沒有一位是女孩子，全部都是男孩子，這並不是不給女孩吃，而是為了顧到這個船組的運氣而已。

飛魚吃好以後，每位船員都拿出自己盛飛魚湯的大陶碗放在一起，由比較壯的船員擔任倒湯的工作。因為十戶家庭要喝的魚湯，並不是普普通通的人能拿得穩，一大鍋的魚湯又燙又重很難抬得起，大家把大碗都交齊後，便開始倒出魚湯了，每戶家庭都分得很平均，只有人多的家庭和產後婦女的家庭多分一點。那一條飛魚或是幾條飛魚倒在一個木盆（Amongan）內，涼著。這時大家也要交出盛飛魚的木盆（Amongan），收齊了，由捕漁夫來做分配的工作。那一家飛魚分配的方法是這樣的，如一個船組有十戶家庭，就以家庭的數量分配，但是如果一個船組，不是家族組成的船組，而是旁觀或朋友們所組成的，就要按照今天下海作業的人員來分配。當分配一條飛魚，如十戶家庭，一邊五戶，另一邊五戶，人口多的家庭多分一點，因為怕小孩們哭沒菜吃。頭部則必是捕漁夫的份，其餘的魚肉分給其他船員，雖然如此，有時魚頭會分給其他船員，大家輪流分享。如此的分法，使船員們不會產生不滿的心態，更努力的投入參與。

飛魚分配完後，要注意吃的方式。吃飛魚在船組團體裏，非常重視，並且要按照規定行事，不可以到涼台、前堂或外面吃，因為會招來不

●雅美人將白天所釣到的魚吊起來，一為展示漁獲量，二為晒魚的方式。

吉利的預兆，只有在Domavak和Dovanay堂內吃飛魚。吃飛魚肉，入口必須說聲祝賀語。如會說的孩子們，就由自己唸賀語，作父親的先為孩子唸祝賀詞，隨後自己唸。一船的賀語是這樣說：「Mapintek ko a somazepsep sya so libangbang jiyiken a macipanoyotoyan ko pa do manoji do katawan」其意思是說：「希望能長壽地繼續參加子子孫孫類似的飛魚慶典活動。」每個人都有不同的說詞，不論賀語怎樣說法，均是大同小異。每一戶家庭成員都要到齊了才能用餐，在雅美的社會裏，吉祥的完美是最重要的，尤其是船組的團體生活，如吃飛魚、大魚、祭品等等都是，不可以一人不到，那等於缺口，不完美。

在船組團體裏吃完飛魚，父親帶著孩子到洗手的地方去洗手，因為吃了飛魚而不洗手，將招來不吉利現象，此亦是食用飛魚的規定，要每一個成員遵守。吃過的食具(Amongan)拿到洗手的地方洗乾淨，隨後吊在食具架上。不過有一種規定，盛湯之碗類，如大、小碗，不可以拿出去洗，否則招來不吉利的後果，用完後，放在一定的地方Pasoptan。

以上是早上吃飛魚的過程，雅美話叫「Manoyotoyon so mavasa no libangbang」，早上吃過沒有殺開的飛魚，中午一定要吃殺開的飛魚叫Manoyotoyon so nianotan，如早上沒有吃飛魚的，中午就不能吃飛魚，因為關係到一個船組的運氣之改變；另外是關係到個人命運，這是古時候，雅美人經驗上得來而訂定的魚季規則。

到了中午，每位船員自動從自家中拿幾根木柴到船主家去，大家都到齊了以後，分工的去做事，有的取淡水、海水，有的生火，有的把飛魚綁好，大家合力煮中午吃的飛魚，不是將整條飛魚下鍋，而是將魚翅膀、尾巴用手折斷，然後往內折，再來就綁著，這樣才可以下鍋子。同樣的，飛魚還沒有下鍋之前，不可以蓋鍋子，以防不吉利。魚煮好以後，同樣地，大家都把大碗(Vananga)集中到室內，魚湯同樣都分得很平均。魚肉的分配方式，也和早上一樣，如果中午有兩條飛魚，一條是船主的份，此叫

Pasagiben，這是酬謝船主日夜照顧全組人員的恩惠，亦為船主家庭行祭迎福。飛魚肉入口用的賀語都是同樣不變的，人員也都要到齊才能用餐，吃過的食具也是同樣的掛在原定的食具架上。

這種行祭的吃法是在第一個月捕魚的時間，如捕的飛魚再多，規定不可以分給其他親戚、朋友及村子裏的人，只限於在一個船組內。在這個月份規定不可以曬乾飛魚，除非不得已捉了太多的飛魚才可以曬，要曬乾飛魚，必須行祭殺一隻雞或豬來辟邪，否則招來不吉利的現象。

吃大魚的方法

吃大魚另有一些原則需遵守，在第一個月份的上旬至中旬，這一段的時間內，是不可以請親朋好友幫忙吃大魚的肉。到了下旬時，才可以請客人吃大魚。不送給別人而請別人吃的意義是鞏固一個船組的好運，下旬請客是這一個月的慶典儀式快結束了，下個月又是另外一種吃法。

請客人吃大魚的過程是這樣的，一個船組的船員們，如果釣到幾條大魚，這些船員都可邀請自己的親戚、朋友，這些人被請了以後，都要出一點木柴拿到船主家去，有的幫助處理大魚。煮好的大魚，擔任分配魚肉工作的人必須是船員，他以人頭數量來分配，包括被請的人在內。分配的要領，頭部務必分給釣主，如果多了，其他魚頭按長輩年齡分給他們，其他各部份的肉大家一律平分，沒有一個人多或少。有一種魚叫Vaoyo為女人魚（鮪魚），牠尾部的一小節及腹部的一小段部份，為一個船組的小男孩的點心，而且吃時，不可以配著地瓜吃，否則招來不吉利運氣，這種雅美話叫Cimilen，魚骨全部收集來吊掛展示，叫Zavong。大魚吃完了，大家在涼台上聚在一起唱歌，很高興今天豐收。

大魚釣上的處置方式，在這個月份，如果釣到大魚，返航後，大魚放在船內，叫Pionor-anan，小一點的魚放在魚艙內叫Songsong do sangat。如其拉得（Cilat），馬拉弗努得（Mazavonot）、阿哥哥伊（Agegey）等魚類，放在魚艙內之較小的大魚，蓋板上必須放幾塊石頭壓住，表示裏面有魚。放在船內之比較大的魚，用帆布蓋著，旁邊放石頭壓著及十字形號的乾蘆葦，這是防範魔鬼觸摸，使人吃了會嘔心。離開船的時候，每個船員之槳架上，務必豎立十字形號驅魔，另一方面是獲得大魚的標示。

到了早上，釣主去海邊船上卸下大魚，拿到灘頭上刮去鱗片，殺開腹部除去不必要的內臟部份。如法無有(Vaoyo)，這種魚腹切開的方式不同，先取出魚鰓丟掉，內部有兩片小部份給工作很勤勞的小男孩們生吃及心臟部份。腹部切成U型，叫其米了恨(Cimilen)，腸子部份取掉，胃部切開，尾部環切兩節，之後洗乾淨。男人魚也是一樣，但是腹部不切成U型，僅取出內臟部份，如果比較大的魚須要兩個人抬，不可以用一般木棍，務必用木槳來扛魚的材料。女人魚Vaoyo，必須兩人抬，再小也一樣兩人抬，這是魚期規則。

一條大魚不可以直接扛回家，牠必須要在海邊取出不必要的內臟部份，並且不同魚類有不同的處理方式。以前古時候的人就訂好這種規定，要後代的人遵守實行，每一個部落都是一樣的做法。大魚卸下，好魚要雙手抱著到海邊去，次要的魚僅一手提著去海灘。

如果一個船組釣到好魚Vaoyo、Cilat等魚類，船主都要取出金、銀、珠寶來迎接牠們，並接在大魚的口部、眼睛部份，且說幾句經語，說：「Koimo Padnan so Piya so kolit am, akmanyo ana o Panganan namen a mang-dey so araw」其意思是說：「願妳們欲食我們的魚鉤，而作為我們的貴賓每日來接待。」這一關工作做完之後，就開始把魚殺開，殺法是這樣的，先從右邊下刀殺開，會殺魚的人，往往在背脊上留下一層厚厚的肉，使人滿足欲食，殺到頭部便切斷半邊肉，這右邊殺好後，就殺左邊。同樣的，殺到頭部便切斷，頭部與脊柱切開，頭部要分成兩部份，一部份是從口連下巴，另一部份是眼睛與頭骨，為釣主的專享，因這部份不可以給他人食用，只有釣主才能食用牠，違反規則是會讓釣夫得不到更多的大魚。脊柱的上下鰭切開，然後切成小段盛在

●因漁獲而送禮物的船員。

木盆(Vavaoyowan)內，一邊的肉切成每兩道一段，切到翅膀時，切三道為一段，這一段魚肉為船主享用，本族話叫：「Paladangen」這表示來答謝船主常常以他們的金、銀、珠寶來迎福份之意。同樣的，一邊也是如此的切法，不過不再有船主的份了。魚尾切掉，作為展示品掛著。綁好的魚肉拿去掛著，沒有出海捕魚的船員，不可以做掛魚的工作，以免招來不吉利的後果，這並不是不叫他們去做，而是顧忌到團體的福利，他們也很想要做這份工作，因為他們心裏懷著不好意思的感情，其實沒有出海捕魚的船員也得多做一點工作才是，好讓捕魚的船員多休息，但是一個船組之規則必須遵守。

大魚肉掛在魚架上，在還沒有吃完飛魚眼睛之前，不可以將牠卸下來醃著。卸下魚肉的工作，唯有男人可作，女人不可以做這份工作，如果女人參與，相傳會使釣夫釣不到大魚。未出海捕魚的船員都可以擔任這份工作。魚肉卸下醃完後，就一個個的吊在魚架上日曬。在這個月份大魚肉的切法，為橫式，不可以用其他方式切。

大魚肉的吃法，下巴部份煮好後放在一個盤內，由小男孩們不配飯吃，及尾部小節，鮪魚(Vaoyo)的上腹部，這些大魚的骨頭，全部吊起來展示。這些部份大人不是不可以吃，而是作為男孩子們每天削蘆葦或做其他小工作的報酬，雖然僅是少部份的魚肉，但是意義很深，鼓勵孩子們勤於參與漁撈之細小工作。其他部份魚肉，船員們都平分，僅釣主得到魚頭，魚頭部份是為魚的五官，魚眼與口部對釣主是很重要的。所以首先釣的那條魚頭，任何船員不可以得到牠，這亦是船組認同的規則，亦關係到船組全盤性的福份。

總之，「雅美族」在這月份吃魚方法都非常的清楚，尤其食具的使用，絕對分得很明白，如產後婦女所使用的餐具、鍋子等等不可以他用，吃大魚也是如此，一切魚肉的分享，都帶有關懷的愛心存在，如分配魚肉的過程，其他船員不會因為沒出海而得不到，而是以家戶眾多為依據的分配法，這種出於愛心的關懷，使雅美族社會更和諧、更快樂。

第二個月「比卡無卡吾旨」Pikokaod吃飛魚的方式

船組吃魚的方法，在這月晚上捕到的飛魚，同樣的要在早上才可以拿回船主家去，殺法也都一樣，不同的地方是，如果在這月份捕到很多飛魚，就按每家戶的需要量而定。如果一戶船員人家人口眾多，他們可以按人數的多寡煮飛魚，飛魚多了，享受的人也多而滿足。第一天捕到的飛魚還不可以邀請親戚、朋友們吃，等到過一段日子就可以了。這月飛魚的煮法不變，不同的地方是可以不在船主家吃飛魚，可以拿回家去用，這叫「馬比夏夏尹Mapisyasyai」。飛魚帶到自己的家時，剛踏上家門，便馬上說賀語幾句，說：「馬丙特哥那們阿馬巴拉比特都法啊愛那們所妳高無高無旨阿里巴昂巴昂阿馬兀愛那們都巴努努其阿大巫，Mapinbek namen a mapazagpit do vanay nanen so nikawawkawadan a libangbanga a mangay namen do Panonoji a tao」其意思是說：「飛魚入院，願我們長壽地食用牠，直到永遠，且不息的如此續行。」迎接飛魚上門時，男女都要穿著禮服，表示很珍重的迎接。在這頭一天內，每個船員都在家舉行小型的祭拜儀式，過程是準備豐富的宴食，賀全家人平安無事，當天不可以做禁忌的事，如除草、削木板等等其他工作，一整天都

●雅美人使用的食盤。

在家裏過吉利日，以免破壞好運。宴食有地瓜、芋頭、魚干等，如有家畜人家，那天殺豬、羊、雞等來迎吉。

到了中午就煮飛魚，在個人家中煮飛魚是在右邊煮，絕不可以亂煮或在左邊，因為飛魚在雅美人的觀念中，視為上等食物，所以不可以在次要的地方煮，免得招來邪靈的惡作劇。

飛魚的煮法，除了煮的地方有規定之外，飛魚下鍋，務必要折斷翅膀四分之三，尾巴二分之一，橫折二道，然後併攏，最後用繩子捆綁下鍋。鍋內還沒有入飛魚之前，不可以用鍋蓋子蓋著，這也是迎福的一種規則，等飛魚全部入鍋子之後才可以蓋著。在很早以前，他們用老芋葉一片蓋鍋子的口徑，此亦各部落都不同。同樣的煮好時，火梗必須抽出在罩內，熱氣消散之後，才可以倒出，不可以馬上倒湯，會招來不吉利後果。有一種規定，不可以將煮好的飛魚一直放著不倒出來，也同樣的會招來不吉祥。在這個月份煮飛魚的工作，全都是男人，不可以由女人擔任，因為會抓不到飛魚，而空手回來。煮飛魚都要用新取的淡水、海水等，不可以用舊的。到了下午時間，收拾飛魚干也是一樣，都是男人。如果家中沒有男人，就可以請家族男人收拾飛魚，整個家族都會互相幫忙。

在還沒正中午時，每一船員之家庭，都要吃過飛魚，不可以在下午時間吃飛魚，這關係到一個家庭的運氣好、壞。頭一次在自家中午吃飛魚，做父母的，必須穿上禮服，好好的祝賀全家人，做孩子的，好好守規矩，一切都要聽父母親的指示。面部一定朝著南方日出的方向，意義象徵著一個人前途像太陽一樣冉冉而昇。

在這個月份，每一個船組除了把飛魚引到家，並舉行小小儀式之外，在這個月份可以請還沒有在家裏吃飛魚的親戚、朋友參加夜晚作業，讓他們分享魚季的福份。一個船組的規定，參加夜晚作業的不是該組船員，他們不可以在船主家生吃飛魚眼睛，因為會招來收穫不佳的惡運。

這個月份船組如果釣到好魚「法無有」(Vaoyo)時，飛魚不可以拿回家，一定要在船主家吃。因為釣到這種好魚是代表運氣很好，不可以將牠分散之意。一家人都要在船主家吃飛魚和大魚，吃法不和前一個的方式一樣，可以有的先吃，只要有了飯就可以用餐了。魚季的規則慢慢的鬆懈，直到月底。

解祭儀式後的漁期生活

到了月底之後，一個船組不再舉行解祭儀式，就那一位船員開始為自己家庭行飛魚祭，而上山砍魚架之後，就可自行散去，回到自己

●雅美人吃的男人魚。

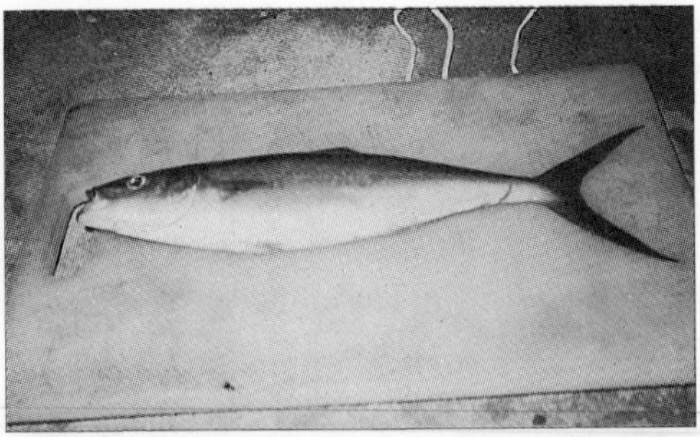

●雅美人吃的女人魚。

的家。在最後的那一天，捕魚回來時，就把大船拖回到船埠Kamalig內，不再下海捕飛魚了，在一個月的時間，專在小船釣飛魚。

到了「巴巴到」的中旬，每一個船組又重聚在一起，但不是要舉行慶祝儀式，而是各自將捕來的飛魚自行帶回家處理，不再是拿到船主家了。

在「巴巴到」的下旬，一個船組又集合在船主家，商討今晚要在那個漁場捕魚，決定之後，各自回家準備漁具。到了黃昏時刻，每一船員帶著自己用的漁具、火把等又集合在船主家。大家到齊了，捕漁夫馬上生火點燃兩根木柴，之後一路到海邊去，推著船划到預定的漁場。捕魚的方式是大家在甲板上一起捕魚，所撈到的飛魚放在船內，抓得夠多了就返航。飛魚在自己家處理的方式是這樣的，將晚上捕來的飛魚，吊在魚架上，如果多了就放在盛魚盆(Sas-awdan)上蓋著，之後豎上十字架，來驅除邪靈偷吃。這個月份和前兩個月捕魚的不同處，是當晚可以將飛魚帶回家中，不須要再等到明天。一個船組返航後，將飛魚卸下，大家合力除去鱗片，然後數一數再分配，自己的份兒自己清洗背著回家。飛魚帶回家有一定的道路，不可以踏上別人家。到了第二天早上，掛在魚架上的飛魚卸下來開始殺，處理的方法和第一個月吃飛魚方法一樣，也要用祭拜的方式來祝賀，同樣用金、銀、珠寶等，主要目的是天天豐收。不同的地方是飛魚眼睛和卵，男女長老都可以參加生吃，吃飯的地方在這個月份隨自己的方便，煮飛魚不再有限制，女人可以做這份工作，不再有嚴格的規定。這種生活一直到飛魚游離蘭嶼為止。

第八節 海上作業與求生常識

雅美男人在船組漁業過程中，
向父兄親友習得捕撈技術，
並恪守作業規則，
求得個人豐富漁獲之外，
亦帶來族群的和諧共榮！

船組漁撈常識，對一位雅美男人是非常重要的一環。一個男人加入家族的漁撈團體，他必須具備著海上作業的一般常識，至於其他的知識，鑑於個人航海的經驗而定，但其來源全部由父、兄、家族、社會等而得來的。

一艘雅美十人大船在海上作業的範圍一般來說，不過是一萬公尺以內的海域。在作業過程中，必須要了解海流從何來的、反流出現在什麼地方、迴流又是在那裏？如果懂得海流趨向，收穫就很可觀。一個船組之內，了解海流的船員也不少，幾乎大多數都很了解，如果海流不怎麼急，而緩和時，可以在這海流的範圍內作業，如垂釣是最好的，而網魚則絕對不行，打魚可以，夜晚網飛魚也是很好。如果海流很急，可以尋找反流的交會處或是迴流處，在這地方都可以採用垂釣、網魚、打魚等捕魚方法。海流很急時，可以稍休息，等轉弱了以後才下海捕魚。以上知識都是人人具有的常識。

當一個船組在海上作業，由船長指定地點，大家都服從他的指示。如收穫不好，就大家同意改換地點，因此船長的指示不具有權威性的功能，只是當作發號施令。拖線釣魚時，指揮作業的不是船長，而是富有經驗的釣夫，這是一個船組之船員都認定的。尤其捕飛魚，船員們都服從捕漁夫命令，沒有一個人違背。收穫的好與壞，都在釣、捕漁夫的身上，他們是船員中被選定的能手，再沒有一個人比他們具備更好的條件。

在作業過程中，一個船組不可以犯作業規則，這是全雅美人共同的認識。在航行中，如拖線釣魚，不可以越過他船的魚線。近海航行，不可以迫他船靠礁邊，以免造成觸礁，使船破損。垂釣時，自己的船隻不可以與他船隻靠近，以免造成口角，以上規則是雅美人所共識。

海上作業遇難，這種情況乃是以海為業的人，都曾經有過的遭遇。雅美人在海上作業，並非是每次出海捕魚都能安全歸航。有時翻覆海中，也有時連船帶人漂流海洋不回，也有時棄船各自逃命，尤其觸礁最為常見，不過輕、重的情況不同，遭遇的地點也不一樣，在什麼樣的情況下，可用何種救生的方法，以下就是雅美人海上遇難求生的常識。

海上遇難有分兩種，第一為外海遇難，雅美話叫 Matapoway do katakowan no wawa，第二為海岸遇難「海邊觸礁」，雅美話叫Komagat do nanadan。就前者說，當一個船組在海中翻船時，距離陸地有一、二海里，船員無法游到海岸的距離，船隻急救的方法是這樣的：如果翻沒的船隻，船身露在水面上有三分之二，可以採用搖動倒水的方法，將船內的海水倒出三分之一，之後就派一個最年輕的船員上船將海水抽乾，使船隻慢慢浮上來，直到取乾為止，然後船員們上船，如此使船隻安全返航，這是在平靜海浪的情況下所使用的方法。其次如在大浪中翻覆時，可採用推前、推後倒水的方法，然後上一個船員取出船內的水，取光之後，大家上船返航，以上是以船型的構造而採取的救生方法。

船型的構造，若屬較平面的，在海中翻覆即很難救出，這種船隻都以墊板的方法來救它。這種船型在海中翻沒時，漸漸沈下，一點沒有救的希望，直到兩邊尖端露出水面，急救的方法是，馬上卸下甲板墊在船底，使沈沒的船隻，慢慢浮出水面，如果浮力不夠強，再卸下第二塊甲板，使船隻露在水面的部份較大，如此才好救。同樣的，用搖動的方法倒出船內的海水，

●海邊祭飛魚的雅美男人。

然後爬上一個船員取出船內海水，水乾之後，大家才可以上船返航。如果翻覆的地方離陸地還近，便可將船帶游到岸邊，大家合力抬舉船傾斜，倒出海水，水乾之後，一個個爬上船划船返航。

岸邊觸礁，通常是掌舵之船長視線不清楚的緣故而造成的翻船。海岸觸礁的救生方法：如果觸礁在海流急速的地方，可將船隻順著洋流去的方向去，然後在返流的地方，將船救起，之後大家上船，如此即可返航。另外，如果在平靜的海浪，岸邊觸礁，救船比較容易，船員們可把船隻拖上岸取水，然後又推出去，這樣就可以上船返航。

最不可收拾的狀況，便是在大浪中觸礁，因船隻被大浪沖到礁石上，造成船隻的破壞，像這種情形，救船的方法是將觸礁的船隻很快地推出海中，然後把船在海中救起，如此才可挽救船員及船隻的命運。這種的遭遇往往是凶多吉少，所以每個船組在海上作業，都得小心航線。

●出海歸航的漁夫。

第九節 魚期中女人扮演的角色

魚期中的雅美婦人，負責家事、農事之外，亦為準備祭儀宴會而奔忙，船組出海捕魚時，便守候在家中製作糕點，慰勞男子的辛勤。

在魚期中，女人所扮演的角色也是非常重要的，尤其在飛魚季的開始那兩個月，她們辛勤地忙於侍候先生捕魚歸來，同時，也要遵守一切規則，又要忙於家事，真是一個大忙人。沒有女人在漁期中並肩協助，男人再怎麼樣的賣命撈魚，也不會有很好的收穫。

魚期中，女人工作分為兩種：第一、飛魚季工作。第二、深水魚之工作。就前者說，當要舉行飛魚祭之前的前兩天，女人很賣力的上山挖二天份的地瓜、芋頭、山葯、山地瓜等。在第二天早上洗飛魚食具，之後又上山挖宴食用的食物。中午回來後，又把迎接飛魚季的金、銀、珠寶統統拿出來到泉水邊洗乾淨。到了下午船主婦女們，又下水田挖三根有柄的芋頭，是準備明天用來祭飛魚季的祭品，黃昏又要去餵豬，一整天忙個不停。

到了祭飛魚季的前一天晚上，可憐的女人們又忙於把預備的地瓜、芋頭、山葯等等其他分配為各不同的用餐。然後去煮明天的宴食，如地瓜、芋頭等等其他，當天亦把金、銀、珠寶等掛在牆上，以便取用。凌晨又要煮食物魚干等其他食物，如有殺豬宰羊，更是忙的團團轉，一整夜都沒睡好。

飛魚慶典的早上，男人大大小小都到海邊去，這時候女人素裝禮服，然後到各涼台上觀望男人在海邊祭飛魚儀式。祭拜用的食物如地瓜、芋頭、魚干、豬、雞肉等等都準備好了，只有等待男人在海邊祭拜完飛魚回家用餐。

魚期中，如果先生捕魚回來，抓了很多魚，女人的工作是除去殺開後的魚血跡及綁飛魚等工作。另外捕到飛魚及大魚時，魚還沒有殺開之前，準備金、銀、珠寶、禮服等來祝賀幸運，讓先生很高興地祝賀捕到的魚。除此以外，自己也要打扮的隆重而有風味的迎接上門的飛魚。

船組成員去捕魚，女人在家準備先生回來後的點心，叫Ratngan。有的煮削皮的地瓜、芋頭等等，有的做地瓜漿，叫Inavosong；有的做芋頭糕，叫Nimay等等其他。在飛魚期間，女人除了做好先生的點心之外，不可以離開家，一直等候先生捕魚回來。另外有的女人，先生出海捕魚時，打小米準備來慰勞先生的辛苦。

船組男人上山砍船板時，女人在家的工作是煮男人的點心。有時女人可以送到男人砍材的地方去慰勞，回來後，又要煮男人專吃的便餐，如此的工作一直到造船完成為止。

在飛魚季中，女人不可以做縫補、整理水田等工作，因為這些工作將會關係到一個船組漁獲量的問題。尤其剛吃飛魚及大魚的時候，不可以除掉田裏的雜草，同樣的，也會關係到漁獲量的問題，使捉魚空手回來，沒有半條魚帶回家。

●雅美婦女煮宴食。

●婦女慰勞先生的食物。

●嚐飛魚肉之情景。

捕深水魚的時期，女人除了用點心招待先生之外，還要處理殺好魚的鰓部、肝部等內臟部份，然後以船員人數去分配。招待男人歸來的方式是這樣的，當她們看到自己的船歸航時，馬上進屋內穿起禮服，然後手拿著一罐水壺去淡水泉裏盛水，之後到海邊迎接他們。船隻上岸後，女人將手裏的一壺水遞給自己的先生喝，或者潑在熱氣衝天之男人身上，退卻熱度，使先生感覺舒適百倍，然後就帶著先生的漁具回家，準備船員的點心食物。

到了家之後，先準備先生的點心，然後穿上禮服帶著點心到船主家去。船組女人都到齊後，把帶來的點心分配整理，之後就叫男人去用。吃過所剩餘的食物，大家一起吃，吃不完分配帶回家去。

●野銀村的祭舞。

第十節　大船的管理與修護

飛魚季過後
船組成員將船隻拖回船，
塗上紅白油漆，
「卡夏曼」時間著手修補工作，
此時是較空閒的冬天，
待春天來臨，
便可迎接新一年的飛魚季。

一個船組當飛魚季過了之後，船員們集合到船主家，大家都到齊了以後，到海邊去把船隻拖回船埠內，然後用白、紅色油漆塗。離去之後，將船埠的門口用木棍擋住，不讓豬、羊、閒雜人進去損壞船隻，以備下年能完整使用。

飛魚季還沒有到之前，雅美曆「卡夏曼」時間，船長就召集船員們，討論要修補船隻的事宜。在第一天決定後，第二天船員又集合在船主家，大家都到齊了，就到船埠內把船拖出來放在前廣場上。船長指示其他船員上山取木棉花、林投根、木棒等需用材料，有的在船上修補損壞的部份，如一天修不完，第二天再修，直到完成為止。大家分工合作，修好後，推到海邊有水的地方加水來看看有沒有漏隙，如有漏水，再一一修補，一直修到一點都不漏水為止。通常修補船的時間，都在冬天，因為這期間雅美人比較空閒，而且面臨春天，也就很快地可迎接新一年的飛魚季。

一個船組，大船的管理，工作是很重要的，因為船的耐用程度，完全看管理的好壞。本族雅美人對大船管理的方法在各部落內都是同樣的，因此有共識。

當一個船組造好一艘大船後，船長便召集船員商議建蓋船埠，叫Kamalig。當天大家都同意之後，第二天從家裏帶來自己用的工具，如斧頭、鐮刀等其他工具，然後到船長家集合。船員都到齊之後，就分別上山去砍木頭和其他材料。所取的木頭，不一定是耐腐的樹，但大部份為上等樹，如本族採用的，叫①Mazavazok，②Mozning，③Ciyai，④Manganennokagling，⑤Padednan，⑥Ariyaw，⑦Aninibzaon，⑧Poraw，⑨Mangapji，⑩Pangonon等。不限每一個船員拿多少，最少一根，多一點更好，這些木頭都集中到蓋船埠的地方，如果材料還不夠，船員又上山去取，直到齊全為止。材料除了木頭以外，還有竹子、藤、木根、蘆葦、茅草等，這些材料都到齊了，才開始蓋船埠。

蓋船埠的過程是這樣的，先挖平地基，然後量長度、寬度，接下來是疊石頭做圍牆。型式縱式，前面是開口，後面是堵住末端牆角，地基形做好後，接著挖洞豎立柱子，架構都做完

▼紅頭村的大船於海邊待發。

●野銀村的大船待發。

後，開始用茅草蓋起來。一棟船埠半寸的鐵器材料都沒有，最慢須要四、五天的時間，才能做完，做完後船隻就放在裏面保養。如果船埠舊了，會漏雨時，船長又要召集船員修補，這工作比較輕鬆，不到兩天就可完成。

總之，雅美族一個船組團體的生活。是佔個人生活歷程的七成。就一年生活來說，大部份都過著團體生活，如從飛魚期開始，一直到捕飛魚結束為止，將近有五個月時間過著團體生活，另外又加上捕深水魚也有四個月的時間，也是過團體生活。因此雅美人團體生活重於個人生活，可知雅美人注重在群體生活生態，如此使本族社會和諧、快樂。

集合許多力量，來解決許多問題，在一個未開化之雅美族的農業社會裏是很重要的生活方式，所以古時候的人，都採取團體生活，彼此互相合作，個人生活觀念極渺小，且不重視，從這方面可知雅美族是群體的生活形態。

一個船組，不僅在漁業方面過團體生活，也牽涉到農業的集體生活，海陸並重發展。因為一個船組的組成，大部份是家族，或是直系血親的親族，很少有各不同家族組成的，這些都是鞏固船組團體的因素。

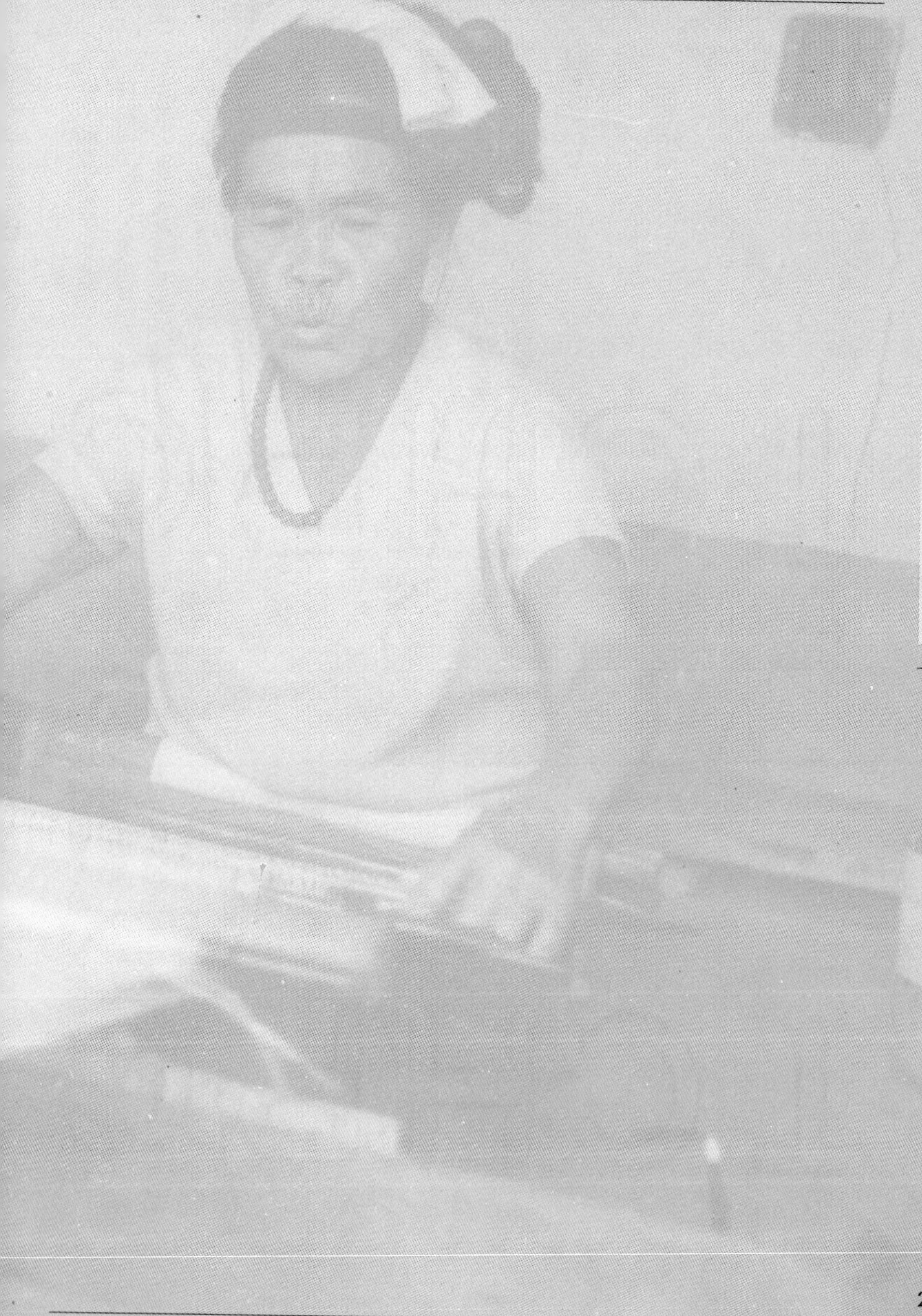

4／雅美族的風土與藝術

第一節　婚姻制度

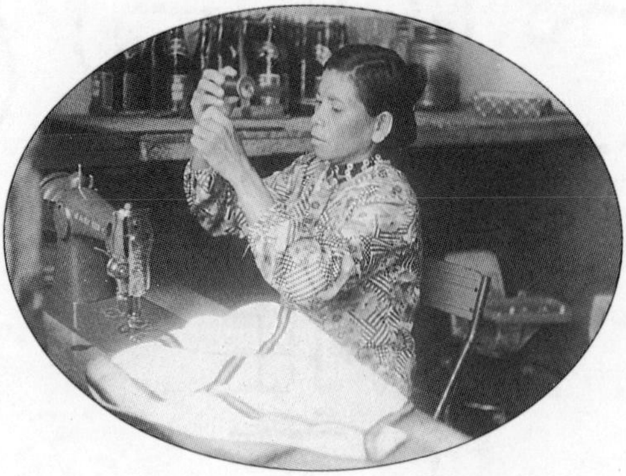

雅美人的試婚，
在於試探女孩子的辦事能力。
男方父母選擇吉日至女方家迎娶，
不舉行任何的儀式，
但晚上去迎娶女孩的隊伍，
一定要在早上日出時到達男方家
象徵如日上升絕不退落之意。

在很早以前，雅美人的婚姻就早已建立了良好的制度體系，所以它能延續到今日。婚姻在雅美社會文化裡是非常重要的一環，簡單來說：從個人—家庭—家族—社會等，它都有密切的影響關係，也扮演著重要的角色。一個良好的大團體等家族，莫不是從婚姻來建立的，尤其是個人、家庭的和睦與快樂，也是取決於此。

往昔，在雅美人的觀念中，非常的希望頭胎的男孩子能早點結婚生子，如此，做祖父母的老人家，才能心滿意足。他們最怕沒有孩子或孫子來繼承家族的財產，尤其是富貴家族Micyamainakem，更是不讓家族的財產外流，因無子嗣傳承而消失在人間、或為他人所有，由於以上的因素，使雅美人對婚姻非常重視。

1.擇偶

擇偶在雅美的社會中，不是很自由的，因為以前的人也有社會階級的觀念，以前在雅美族的社會中，分有三等級：第一等階級的家族叫Me ynakmatao，第二等階級的家族叫Malaranganatao，第三等階級的家族叫Pakananakenatao。這些不同階級的家族，都各有其功能和勢力，所以擇偶僅在某一個家族的範圍內，很少能向其他家族選擇對象。

擇偶分有兩種：一為內婚制，一為外婚制，這兩種制度各有其不同的意義。就內婚制的制度來說，採此制者，通常是為了鞏固家族成員的繁延、素質與形象，不讓其他家族來破壞，這樣的家族大都是很有名望、富貴的人。而外婚制的意義，則是自由的選擇自己的理想，不過也是只能在社會規範的一定範圍內，像是中等或三等階級的家族可行之。在望族中如果年輕男女合意，而女方是二、三級的家族時，會遭家人的退婚或不理。然在外婚制就較自由了，只要青年男女合意，或父母的介紹，大部分都會成功，而成家立業，很少有遭阻擋。

2.試婚

雅美人的試婚，目的在於試探女孩子的辦事能力。有許多的女孩子往往就在試婚的期間遭到退婚，退婚的現象最多產生在外婚制的方式，所以母親在女孩子還未到男方家庭以前，就灌輸她做事要小心、要勤勞、做人要懂事、要善待人等等的一切道理。多數被退婚的女孩，通常是由於社會知識的欠缺。

雅美人試婚的過程，通常由男方的父母親擇得吉利的月、日時間到女方家庭娶女孩子回來，沒有舉行任何的儀式，也沒有宴食，通常都是在晚上的時間來娶女孩子，原因是，如此比較沒有人看到，因雅美人是非常重視謙卑的行為。去娶女孩子的男方母親或親戚，穿上禮服、手環及佩刀等。女孩子到達男方家庭的時間，一定要在早上日出絕不可以在日落，因它象徵一個人的前途如日出上升，絕不退落之意。這種觀念在雅美社會裡是很重要的，沒有一個雅美人會在日落娶親的。試婚最長時間大約一年，最快也不短於一個月，女孩子在這短短的時間要好好的表現給親家人看，以贏得滿意。

3. 訂婚

雅美人訂婚，有內婚制與外婚制之別，不過大同小異。就內婚制而言，當某一家族之家庭誕生了一個嬰孩，這個家族的長老或祖父母在過幾天後，便去拜訪那位嬰孩，主要是去了解嬰孩將來的前途。他們到達後，便把食指放在嬰兒的手心，如嬰孩緊握他（她）的手指，他（她）就在嬰孩的大拇指上劃記號，這表示他（他）已經和這嬰孩訂約，亦就是訂婚之意，且祝賀嬰孩的成長過程，也告訴他（她）的父母親，因為是家族的關係，便答應了她（他）的要求。在孩子成長過程中，他以不定期的時間去探訪他（她）及其父母親，培養孩子的觀念與思想，直到他（她）能為這老人家取水或撿柴等工作止。以前沒有不聽父母親話的，這種方式的訂婚還沒有送訂婚禮，要等到這孩子和他家的孩子合好後，才送女方訂婚禮。

在內婚制的自由方式，是一個家族範圍內的青年男女，雙方情投意合想結婚時，就告訴雙方父母，經父母們協議後，選訂吉利月、日的時間送女方訂婚禮。

外婚制的訂婚過程就比較自由了，如父母的介紹青年男女雙方合意時，經父母親協商後，在適合年齡期間，男方就可以送女方訂婚禮，如是自己交往的朋友，也是按照這樣的方式進行。

4. 訂婚的禮物、時間、過程

送禮的時間及儀式在婚姻的過程中是很重要的，尤其伸手接物的一剎那，就可看出婚姻的成功與失敗，若把訂婚禮掉下來，那就不吉利了。一般來說，送訂婚禮的時間，大部分都是吉利月、日。如國曆三、四月份以雅美月曆推算叫「Lidanoteyon」，國曆的七月份叫「Piyavean」等，為最佳的選擇月份。日子大都在這些月份上的上旬，如Matazing的日子為最好。大部分的人，都在晚上送訂婚禮，很少在白天，因為送訂婚禮不可做除草和修材料等工作，因為草會枯死，沒有人願意在這時候有這種意味的存在，而修理材料更不能做了，因為象徵著修去部分不能再回原處，會造成婚姻的離異永不回頭，這些觀念，雅美人是很重視的，因此送禮時間都不能做事情。

訂婚的禮物是一串純紅瑪瑙，共有五顆，其中要有一個大瑪瑙，其餘都是小的，而且一定要用裏百葉竹麻抽出來的線串珠，不可用假的瑪瑙，否則結婚不成，再怎麼喜歡也沒用。

訂婚禮的儀式過程很簡單，但意義卻很深厚。雙方的父母親都要穿禮服、手環、掛金片、戴銀盔等珠寶。最重要的是面朝向東南方，意味著男女的婚姻像日出上升，絕無下落的進展，否則會帶來婚姻不吉利的現象，到時可不能說：「我瞎了眼才嫁（娶）給你（妳）。」另外在接物的過程，要唸出祝賀經文，最多兩三句，而且要很嚴肅，不可以馬虎，女方接受之後，就掛在珠寶上，訂婚禮就此結束。

5. 結婚

一對男女試婚在經過一段相處之後，彼此認為可共同生活一生時，便可請雙方父母選個好日子以舉行結婚儀式。通常，在雅美社會裡，男方首先要準備地瓜、芋頭，若有家畜，也可殺豬宰羊送給女方作為最佳禮品。此時，男方父母為慶賀一個小家庭的誕生，也會特別盛裝及佩帶首飾等。

●雅美族人全家福像。

如結婚日殺了一隻豬或羊，一半是送給女方，另一半是與女方家庭共享食用。在用餐的時刻，也要非常小心，雙方不能有點小摩擦，因為婚姻的美滿與否往往與這餐有關係。

用餐後，男方父母要護送女方家人回家，在女方家裡，母親取出在籃子裡的食物時，護送的男方家人不可觀看，必須到涼亭休息，因為觀看是表示傲慢的態度。當男方家人到女方家時，女方以檳榔來迎接他們，女方家人在食用男方送的禮物時，可請近親好友共享，但是吃結婚禮的人不可在這一天做除草的工作或加工材料，因為這是禁忌的。

如果女方是住在另外一個部落的話，護送女方父母的人就必須過一夜，好讓女方家人有所準備，例如殺豬宰羊，沒有家畜的就用魚干及地瓜、芋頭回贈親家。

結婚儀式有的隆重，有的簡單。前者在服飾方面，男方穿禮服、戴金鍊、手環、佩刀、及銀盔。食物方面，大部分是芋頭及肉類。而最特別的是新郎新娘要到海邊的礁石上找白色貝殼，雅美話叫Kovovan，如果其中一個沒有找到，兩人必須互相幫忙，直到找到為止。白色貝殼是表示希望白頭偕老，永不分離。

如果舉行簡單的婚禮，則可免了去尋貝殼的儀式，以上兩種不同的婚禮方式，完全視其雙方父母親的社會價值觀。有許多雅美人為了希望有更多的家族分佈在各部落，因而都採行比較簡單的婚禮儀式來舉行。

6. 離婚

以前，雅美人離婚並不盛行，因為它是婚姻的悲劇，並且也能影響個人在社會上的形象及家族的聲譽，另外，對採納內婚制家族而言是極大的迷信。雅美人常見的離婚現象為結婚多年沒有生育，其次是家庭不和睦、懶惰、輕視男女某一方及兩方家族在觀念上有差異或有外遇等。

因沒有子女而不得已離婚者最可悲，所以在協商離婚後，兩方共同開墾的田地及耕種農作物的旱地都要公平的分配。若有飼養豬、羊之類的家畜則先殺一頭，做為最後兩人的聚餐菜餚，而女人織的女用禮服及織布機與配件歸給

●雅美婦女織布情景。

●雅美婦女製作禮裝。

女方，丁字褲及男用禮服就歸男方。用兩人的金錢買來的珠寶、金、銀等也要平均分配。不過有些採納內婚制的家族，為了不忍將恩愛夫妻因後代而拆散，有些做兄長或弟妹的人，有時也會將自己的兒子送給沒有生育的兄弟親人，這樣就可挽回不幸的婚姻。

其次為家庭不和睦或因有外遇離婚者，其有過錯的那一方，不能要求共有的財產平均分配，他（她）只能得一部分財物。嚴重的，則有時一點財產也都得不到，僅能取自己所製作的器具或工具等等。如妻子懶惰，先生有權休她。如果兩人有了子女，妻子可獲三分之一的財產，這是為了顧慮孩子們到母親那兒時沒有飯吃或沒有地方住。

7. 再婚

在雅美的社會裡，再婚的因素有兩種：一、為了後代子女。二、為了生活。雅美人因前者再婚較多，後者多半是喪偶的老年人。

有很多再婚的人在第一次的婚姻中沒有生育，當再婚時，就有了後代，因此再婚對某些人來說是人生的轉捩點。雅美話這意義叫Amiyan do asa ka vanay so lag，意義是說：「自己的命運在別家。」而喪偶者在過一段苦孤獨的生活後，有了新的伴侶，生活也就有了改變，所以，再婚者都很盛行。

再婚的儀式過程與結婚完全相同，必須送訂婚禮一串五個瑪瑙，選擇「吉利的日期」(Piyaenep)。由於再婚者多半為中、老年人，也由於他們有經濟生產之能力，家有豬、羊等家畜。他們結婚時，常有的殺豬、宰羊與近親、朋友共享及慶賀新生活的來臨，同時男女在請完客後，第二天則由女方家長回請，以增進兩家族情誼。

——原載一九九〇年六月廿六日《民眾日報》

第二節 治病的方法

雅美族人皆有治病之基本知識、能力，因治病學問能循環在社會裡，也因為病魔是大家共同敵人，須大家共同抵抗而致。較特殊、嚴重的病症，則由巫者進行精神療法。

由於雅美族沒有文明科技的醫療方法，也沒有文字記載，加上對外的隔絕，所以治病方法，均採用草藥及當地精神醫療的兩種方式，來解決病患的病情。

在雅美族的社會裡，每個人都有治療知識與能力，因治病學問都能循環在雅美社會裡，也因為病魔是大家的敵人，亦共同抵抗它而致。

以前由於醫療知識不足，光是用草藥是不夠的，所以古時候的雅美人訂定了驅魔治病的方法認為其效果不錯，所以把這種方式傳下來留給後代子孫使用，至今還有人在使用它。

精神治療方法：一、如患者病情嚴重，其家人就邀請巫婆來治他的病，但被邀請的巫婆若在路上跌了跤，就不能為他行醫了，因跌跤表示病人臨死預兆，不要再去增加他們痛苦。二、巫師的治病方法：都是採用超自然功能來醫病人，為一般人所辦不到的治病方法。所謂超自然治療法，就是與靈能溝通，由神靈協助他治療病人，使巫婆不必用草藥。現今雅美族用這種方式去醫治病人，是在醫院治不好病人時所使用的，其效果很好，所以有很多較嚴重的患者也因為相信巫術的醫療法，而不再到醫院治病，來減輕他們的痛苦。

嬰兒受驚嚇治療法：雅美人對此病治療法有二種：一、請助產士巫婆，二、家人自行處理。以前者來講，請來的巫婆到家時先觀察房子四周，然後對神唸經，再來追究嬰孩被嚇原因，如果是靈魂受驚，她則去細問陰間的惡靈，若找到那陰間作祟魔鬼，就向他討回嬰孩的靈魂，當巫婆要回嬰孩的靈魂後，按放在嬰孩頭上，等過些時候，哭啼的嬰孩也就會慢慢的平靜下來睡著了，之後病情逐漸好起來。

嬰兒驚嚇原因，大部分是靈魂見到陰間魔鬼，其次是聲音或東西碰撞作響所致。再來後者，家人醫療法，當嬰孩受驚時馬上把門關起來，不讓邪靈被嬰孩看到，然後生起火來驅魔，當煙味被魔鬼所聞，就會立即遠離不敢逼近，也怕被人詛咒起來燒成灰燼。家人生好火，家中老人便開始對邪靈唸經，哭啼的嬰孩就會慢慢安靜下來。以上病痛都不需草藥來治療，雅美人目前還是用此種方式醫治受驚的小孩，幾乎很少送衛生所。

●現代年輕人照顧孩子的情景。

跌、砍、刀傷的治療法：患者如受傷的程度較輕微，用煙絲散放在傷口處或用溫熱過的豬油塗在傷口即可。如果傷口很嚴重，例如砍傷，先切一片姑婆芋莖敷在傷口上來止血，回到家後取掉姑婆芋莖片，而後拿小碗（椰殼）盛豬油與鹽混合攪拌，在火上加熱到沸騰時，拿著碗往傷口處滴上油，油滴到皮肉時會發出「吃—吃—」的聲音，令患者痛苦到極點，不過傷口很快癒合。

燙傷時，患處僅抹上豬油，豬油不用加熱，每天要經常擦就會慢慢好起來。刀傷時，將蘆葦的嫩心打碎，汁液滴在傷口便可止血，三日後就醫好。

意外病症（靈魂失散）的治療方法：這種病症的發生都是從山上或海邊得之，得了這種病的人其症狀是食慾不振、眼睛睜不開及全身無力，雅美人治療的方法是請巫婆來治療，因為雅美人相信患者不是生病，在本族習俗中是屬於靈魂不足，失去了一些靈魂所致。

請來的巫婆進到屋內首先安靜下來，然後觀察屋內四周是否有邪靈跟進來作祟，如果發現沒有邪靈，就到外面看一看。如果有邪靈，她便開始請出附在她身上的神，再對神說：是不是祂（指邪靈）拿了這個病人的靈魂？如果神回答「是」，巫婆就馬上向那魔鬼要回病人的靈魂，巫婆要回病人的靈魂後，馬上用手按在病者身上並唸幾句咒語，說也神奇，病人往往不藥而癒的開口說話要開水喝（昏睡後的第一句話）。喝過了開水，眼也開了，自己也能起坐和家人談話了，巫婆看患者也正常了，表示責任也達成了。患這種病症的人，是由於失散了一些靈魂的緣故，以致於昏睡不醒，沒有巫婆，是救不了患了這種病的人。

肚子痛的治療方法：一般輕微肚子痛，通常以豬肉片（Taroi）烤熟成豬油，抹在病人的腹部上用手慢慢兒推拿（輪番式），等到病人感到舒服為止，病就慢慢好了。如果是嘔吐下痢的病症，可用白石灰盛在碗內，點在病人的腹部上加以唸經，此病症依雅美老人的說法，是因食物被魔鬼摸到，才發病的，所以此病治療時加以唸咒驅除惡魔，使患者盡快痊癒。

另外，肚子疼痛的治療方法，如肚子疼痛可拿檳榔棕(Papaid)或用弄成一團布加熱，溫度大約七分熱時，就可按在患者的腹部，如此輪番做法，自然地疼痛就會消散痊癒了。

腰酸背痛的治療法：一般只有上了年紀的老人家，因勞累過度才會得此病。病輕微者治療法，可上山採藤藥(Pai)環綁於腰部上或患部上，直到減輕痛苦或痊癒，才能把它解開丟掉。病情嚴重的，用豬油加熱摸塗抹於患部，多次的敷藥可使病情自然痊癒消失。

感冒治療法：本族因氣候與環境的影響，大多為季節性傳染，以前因族人穿衣較少，抵抗力強，故不易感染感冒。但現不然，只要流行性感冒侵襲蘭嶼，就會有多數人感冒，小孩子感冒從五至十歲者，要用豬肉片(Taroi)加熱，豬油抹於病人的喉部及胸部，如此加以治療感冒會很快痊癒。二十歲以上的人，可用吃檳榔來治療咳嗽感冒。大人可帶到山上工作或下海捕魚來治療，用自然環境來治療感冒。由於本族沒有科技醫療法，於是採用經驗累積法來治療，感冒嚴重者，不請巫師，因他們沒有能力治這種病。

頭痛的治療方法：古時候雅美人很少頭痛，所以治療方法只有一、兩種，如果嬰兒的前囟門跳動加快時，古人證明是頭痛，醫療方法：用豬油（Anong）加熱抹在頭上，或數次敷上，就會慢慢好起來。如果頭暈，視線顛倒轉向時，則用燒著的柴薪在頭上環繞並唸咒語數次之後，患者就會睡著，過些許時間病人醒來後就會好了。如果患者是老人，他們可以上山採藤藥（Pai）環綁在頭上，直到頭疼消失病好，才可把藤藥丟掉。

胃痛的治療方法：這種病症有兩種：一、突發性胃病，二、由輕微變嚴重的病。前者如果在山上工作發生時，可馬上拿生地瓜來吃或取其他可食的植物，在海上捕魚發作時，則吃便當或魚肉塡肚，如此胃痛才會好。後者，此種病症較嚴重，若在野地裏發病，可就地躺著休息，另一種治療方式可用蘆茅筍（Ongednoayo）其效果非常良好，它會將疼痛驅散，胃痛就會好了。

脫臼的治療方法：如果手腳因跌倒而脫臼，這時候馬上用拉回來糾正，另一糾正方法是用木板固定法來糾正，然後用加熱過的豬油抹於患部上，再以布巾套起來，不斷的抹上熱豬油，病痛會慢慢好轉恢復。

砍傷止血的方法：上山的勞動者較容易發生，所以年齡也以中年人以上為多，在山上被砍傷流血過多時，用老草根（Voza）或蘆茅筍（Ongednoayo）切一片塞於傷口處，可止血。若做加工副業生產之工作，砍傷時，則用煙絲塞於傷口，再用布包紮起來，止血作用即可見效。

發冷發熱的治療法：得到這種病不論小孩或大人，都一定要多蓋些被褥，而且要關上門，在旁邊生火讓病人出汗，等病人流過汗以後，被子拿開，門也打開，待病人慢慢好轉。由於古時候沒有科技的藥物醫療，所以只好用最古老的方法（退燒）。

其他輕微病症治療法：所謂輕微病症，如小瘡、小感冒、頭痛、腹痛、小傷……等等。小瘡用蓉樹白汁或木灰抹於患部，過幾天以後它即可化膿，另外有些人是到田裏做泥漿醫療，還可做自然環境治療。小瘡、感冒、小傷都可浸在海水，其醫療效果也很好。頭痛、腹痛、身體無力，可帶到山野、田園、河流等地方，疼痛可消散，「Domanisibo wan pa in gingnen」這是雅美族所稱的病症代名詞。

精神治療法：當一個家族出現一位嚴重的長期病患者，該家族成員要輪流探病，身上必須配帶短劍(Takzes)和長矛(Cinalolot)、戰甲、籐帽等，表示驅惡靈。到達病人家時，用長矛在家四周趕惡靈或驅鬼(Mamozmozwao)，如此一來惡魔就不敢接近，如果病人還會說話，可以和他說些親情較感人的話，病人聽了以後，精神才會振作起來與病魔抗爭，來減輕身體上的病痛。

如果病人是男的，且面臨死亡邊緣，大家的手就要牽住病人的手表示家人向病魔奪回性命，不致死亡。

以前本族人在病症與精神治療下，雖不能使病人完全醫好，但這種方式已經是很文明的做法了，如現代文明人所用的方法一樣，除了到醫院看病外，也會祈禱求神保佑，佛教亦不例外，這種精神文化的觀念，仍然循環存在於世界來治療病人。

以上雅美族的治病方法，在現代的社會裏已少見不多用了，因為目前有了衛生所可做醫療保健，然而還是有一些沒錢人家，忍受病魔纏身，拿不出錢掛號看病，另外有些較年長的族人因為在觀念上的不同，仍然使用古老的醫療方式。

——原載一九九一年一月十三日《蘭嶼雙週刊》

第三節　特殊的製陶技術

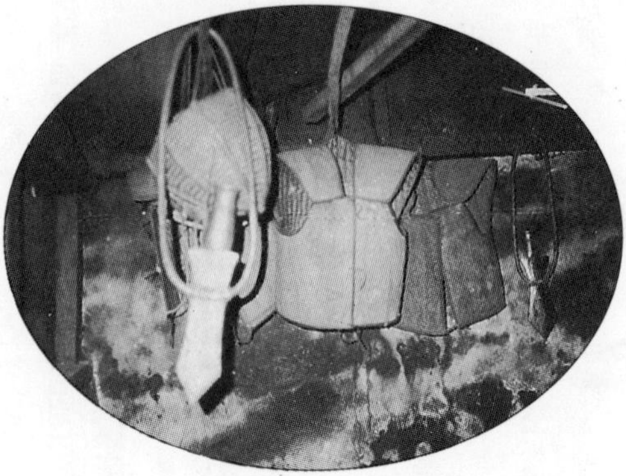

比打那打那月份氣候較涼爽，
男人捉飛魚的工作也已結束，
雅美人家此時從事陶土製具，
為使製作過程順利，
驅除邪靈的
工作最為重要，
禁忌決不可違犯。

製陶文化是蘭嶼雅美族文化中最特殊之一環，亦為遠古時代生活之轉捩點，也當是雅美人進入熟食文化的境界，因此雅美人對它有不可忽視的密切關係。「陶器」在雅美本族，尤其以鍋、水缸、碗公等都是相當重要的食具經濟產品。

組織與準備工作

約國曆的十月份，為雅美人的製陶月份叫比打那打那(Pitanatan)，這時候因氣候較涼爽，工作也較順利，另外，男人捉飛魚的工作也已結束了，依自然律的現象從事生產器具，陶土製造是最好不過的工作時期了。製陶人數最少為一人（家庭），最多也不超過五人，這些組織的產生是在工作的前一個月就要商議好，到了比打那打那時就開始進行計劃工作，製陶的第一步工作：今年的春季裏，上山砍上好的樹木擱在那兒枯乾，等燒陶器時才把它搬下來使用，準備製陶的工作了。製陶的工具及材料，在還沒有製陶前就準備好，若發現有缺，該趕緊做好工具，以便在製做陶器時不致缺工具。

工具種類：打泥石(Yoyoya)、裝陶土籃子(Yola)、放置陶土的木盆(Sasawdan)、盛雜石(Zezetban)、打模型的木棒(Popokpok)、打造型的平板(Pipikpik)、放模型的木盤(Vagato)、修平用的湯匙(Iros)、抹平用的卵石(Ipangogono)、碰打用的平石(Pasinmono)、造型用的模鍋(Pasasakban)、切邊用的小刀(Ipangan)、抹凹處之小竹片(Pangwassotadna)等。材料：有水、姑婆芋(Raon)、百棋蘭(Nonorg)、五節芒(Singan)。這些工具及材料各有不同用法，古時候的祖先早已擬好製陶的工作計劃，亦按工作步驟之順序使用它們。

製作過程

在製作過程中為使工作順利，尤其以驅除邪靈之工作最為重視，有關禁忌的事決不可以做，以免遭來不利。在一大早就背著籃子，扛著鐵棍上山挖陶土，還沒到地點前先採些材料（姑婆芋、五節芒），到達後便可進行採陶土之工作。等陶土裝滿籃子後，在籃子邊插上五節芒來辟邪，回家後將陶土放置在木盆(Sasawdan)裏，開始做加工，將陶土用大姆指壓扁做挑石子的工作，把篩選過的好陶土包成球型狀放在木盤上，覺得夠用後繼續做挑石的工作，雜石則放另一木盤(Vagato)內，通常工作的地點是在工作房(Makarang)或是涼亭(Obonotgkale)下，因在這些地方較為方便。

挑石子的工作做完後，接著將球形的陶土用打泥石(Yoyoya)打碎陶土內之細石，打的越久越好，最好打成泥漿狀，打完後便開始做成品模型。碗類模型做法：先把模鍋(Pasasakban)倒立，將球形的陶土切成兩半，一半用手壓扁後按放在模鍋上，慢慢兒的用手壓平均，大碗在造大模鍋上，小碗在造小模鍋上，這一節做完後接著用木棒打勻，打完後再用平板(Pipikpik)，視自己的需要使用小刀切掉「碗邊」(Ngazabnovahanga)，工作最後一步是加碗底部份，首先將陶土揉成圓柱狀，用手在碗上折彎做成碗底，當碗之模型造完便拿芋葉(Raon)包碗的口邊，然後插上十字形五節芒來辟邪，不論大、小碗做法都一樣，早上做好模型，下午就可以加工完成，一次不可造太多的模型，因為一天做不完會凝固，而凝固之模型容易損壞不好加工。陶鍋做法：造型不需要模鍋，直接造在木盤上，將球形之陶土切成兩半，一半用手掌壓扁勻後放在木盤上，然後一層一層的加高，至中部再慢慢將它縮小到口徑，模型造好後用木棒打勻。打法：左手拿著平石抵在鍋內，右手握著木棒敲打，木棒打完，接木板敲打，左手在鍋內，右手拿木板敲到均勻為止，造形就靠這兩件來完成，大小鍋做法一樣，做好後放外邊晾乾，插上十字形五節芒來辟邪。

模型加工是製陶過程中很大的一門學問，成品好壞的分別就靠加工的技巧了，而技巧的高低則看各人學習多少而定。加工過程：首先解開芋葉之包裹，然後用木棒再敲打均勻，到厚度差不多時停止，接下來是用湯匙邊加水慢慢抹平，使它更光滑，以審美的眼光慢慢抹平整修，成品樣子即可出來，待成品做好放在室內晾乾，第一步驟的加工就此結束。不論大鍋、小鍋、大碗、小碗、水缸等做法都一樣。

陶器成品的種類與用法：

陶器種類雖不多，用法卻很廣，如鍋類：有男人用、女人用、男、女老人用等等……雅美人對以上用法不但分類的相當清楚，且不混淆，男人盛湯的器皿，女人絕不准盛湯放魚，其他餐具用法亦是如此，分門別類不可他用。

陶器種類有四種：鍋類、罐類、碗類及其他。鍋類的用法如下：一、「Pilovolovotan」這類鍋是大鍋，鍋體稍廣大，是慶典時煮宴食的鍋，可容納大量的芋頭、地瓜等其他食物。二、「Sosowadan」此類鍋是煮地瓜、芋頭等食物，較前者略小，但又分大小二種，大的為大眾之鍋，小的為愛人之鍋。三、「Vivinyayan」這一類鍋是專煮肉類的食物（不包括海產、魚肉）。四、「Vavaoyoan」此鍋為飛魚季時用的，專煮大魚Vaoyo，產後婦女不得使用此鍋。五、「Amongan」此鍋專煮飛魚，不可他用。六、「Nanatangan」這鍋子是女人用的，除可煮女人魚之外，亦可煮螃蟹、貝類等其他海產食物。七、「Cicinwatan」專用於產後婦女、煮開水飲用的鍋子，不可他用。八、「Raratan」男人專用之鍋子，女人不可使用。九、「Akolan」專煮飛魚季鬼頭刀魚名Arayo的男人魚。十、「Ciyociyodan」此鍋則煮男人魚用的，以上是鍋類十種不同的用法。附帶介紹「Pasasaozan」這種陶器是古時代用來當棺材的遠古產物，其口徑特別大，體形較立體，形狀屬鍋狀，但和以上十種鍋是不同的。

第二大類是取水用具罐頭，其用法名稱有：一、「Pwasoyan」煮地瓜、芋頭等其他食物的取水用具。二、「Pasoindosinalilyanan」這水罐除了可用於海產類的食物外，還可用於陸地上的野菜。三、「Pasoindovivinyayan」此種水罐則用於家禽、畜肉類食物。四、「Pasoindoamongnoreyon」這水罐專用於飛魚季中的魚類。五、「Popotawo」這種水罐則用於飛魚季專取海水用的。六、「Iebet」此水罐用於煮副食品（螃蟹、貝類）時，取海水用的，以上罐類的共同名稱叫「Peraranom」。這些水罐按季節使用，僅有「Pasoindokanen」煮飯取水用的罐子可全年使用。

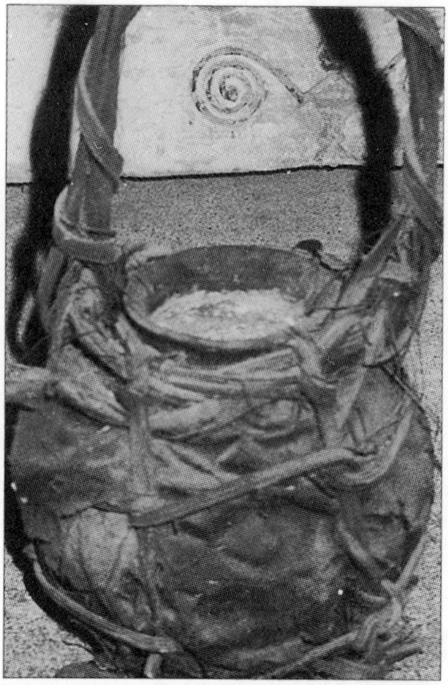

●古代的灰罐。(右)
●古代的湯瓢。(右下)
●雅美人以前使用的鍋子。(左下)

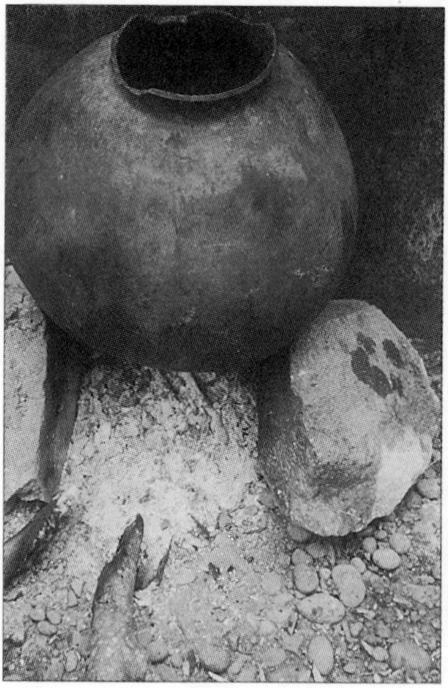

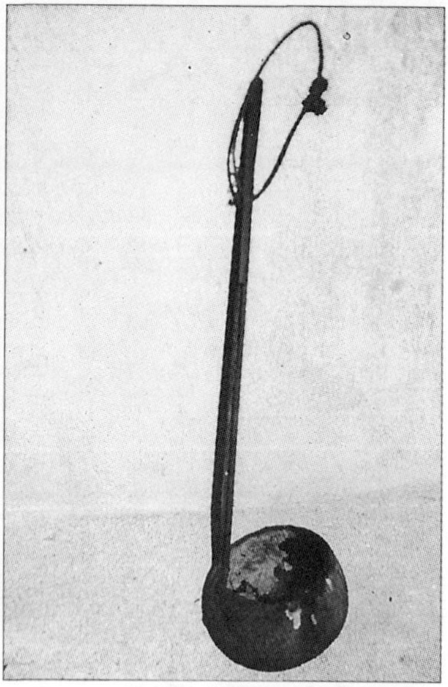

第三大類碗類之用途名稱：一、「Pasisiv-ozan」此碗用在飛魚季吃大魚用的。二、「Amongan」盛飛魚湯用的碗。三、「Oamam-awan」這是小碗，也是盛飛魚湯用的。四、「Vivinyayan」此碗於用於肉類如豬、羊、雞等盛湯用的。五、「Pamamawn」此碗用法同上，碗型較小。六、「Akolan」飛魚季中吃（大魚）男人魚用的碗。七、「Pamamawan」用法同上，碗型較小。八、「Raratan」男人盛湯專用的碗。九、「Pamawan」用法同上，碗型較小。十、「Nanatnganan」女人盛湯專用的碗。十一、「Pamamawan」用法同上。碗型較小。十二、「Cyocyodan」這種碗則用於男人魚盛湯用的碗。

以上鍋、水罐、碗類用錯時將錯就錯，但嚴重錯誤時，必將它打破丟掉。如果以上用法混淆（如肉類器具，用在男人魚上），這樣會使飼養的豬、羊等家畜得不到繁衍，反被消滅，因此雅美人很重視堅守其原則。

燒窯的過程

在燒窯前，先將木柴砍斷，長約四尺左右，木柴砍斷後造窯架，在造窯時，粗木柴墊底，成四方形，中間置陶器，如果陶器多可放第二層，窯架造好後，將旁邊生好的火，移至燒窯架底部，讓火慢慢兒的燒，慢慢的燻熬。

燒窯中，燒窯人手拿長棍守著，不苟言笑，看到木柴倒下，立刻用長棍立起，整個窯架燃燒後，幾分鐘內若聽到破裂炸聲，表示不吉利，此時，守窯的人只能愁眉苦臉看著正在燒的木架；相反的，若燒窯中都沒聽到爆破聲，而是火焰的轟轟聲，那表示非常順利，燒窯者則臉上露出喜氣的微笑，待那成品呈現。

木架全部燒光後，呈現在眼前的，便是橘紅色、紫色、咖啡色的陶器成品，陶主也會心中自言的說：「真沒白費精神與力量」，那種成就感與喜悅，就非陶主莫屬了，但呈現陶器若僅幾個是完整的，也只有唉聲嘆氣，怨神的不公了。

待那些陶器冷卻後，用木棍一個一個移到他處風涼，再拿一束綠葉，打去上面的灰塵，碗和水罐的成品要用柏油塗抹底部以防漏水，成品冷卻後，再一個一個帶回家，放在倉庫內，在山上燒陶的，則置籃內帶回庫存，以上若要使用便可取出使用。

雅美人工作完成，不管成果的好壞，都要慶祝一番，才不會覺得生活乏味，慶祝日由夫妻或合夥人商討約定，決定日期後，便準備豐盛的喜宴食物，邀請至親好友分享用餐，來慶賀整個工作期以來的辛勞，用餐完畢大夥兒就在涼亭上，談天說地，有主人談製陶的過程，也有人聊家常事，或談趣聞趣事，整個慶祝日就這樣盡情的歡笑，整個氣氛熱鬧非凡，被邀請的親友，離席前主人都會分贈禮物，帶回給家人小孩吃，回家之後會將禮物的來源，述說給家人，家人得知後，心中自然有說不盡的感激。

雅美的文化，至今有很多都消失了，製陶文化是其中之一。不可否認的，人類社會文化也因潮流的變遷而改變消失，但物質的改變，是改變不了文化的精神，說來雅美人製陶文化消失的原因有兩種：一是物質文明的引進，二是年青人的疏遠，老人們的逝去。就前述說明，蘭嶼的陶罐餐具，被現代的塑膠碗、鋁盤、鐵鍋代替了，蘭嶼年青人的外流不顧文化，當再回鄉時，因老人們的逝去，難以求教文化而失傳了。我雅美族亦不免與其他弱勢族羣步上同一命運，遭到強勢文化的同化，族羣文化在外受侵蝕，子弟又無法承續創發的情況下，的確有亡族滅種的隱憂啊！

——原載一九九〇年十月廿八日《蘭嶼雙週刊》

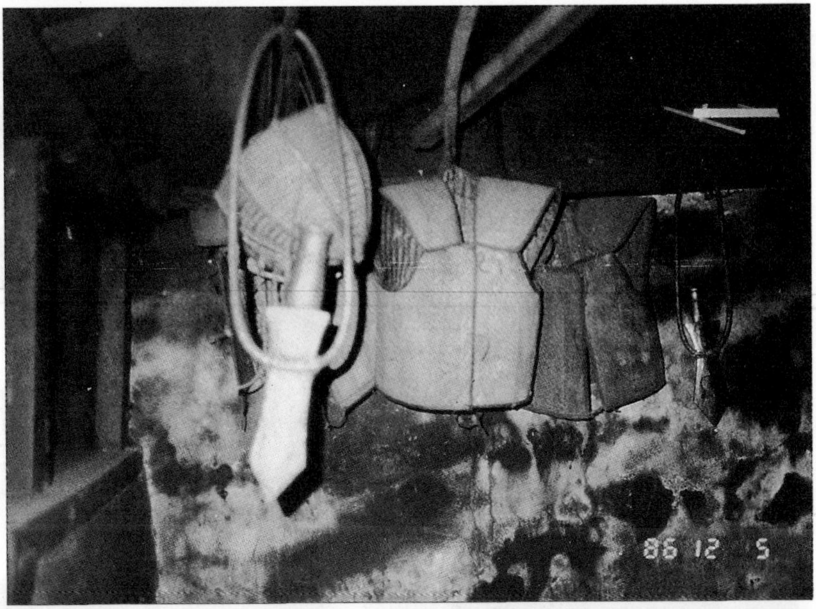

●雅美男子的裝備。

●雅美人製戰甲。

▶雅美人製笠帽。

第四節　雅美族的土地觀

蘭嶼島上沿海岸六部落
位置皆有很明確的界線，
各部落住民有權力，
保護及使用屬己部落的土地，
其他部落的人不能在內耕植；
這是全雅美族人共同的認同。

也許有很多人不了解蘭嶼土地的重要性，但是對雅美族來說，那是非常重要的，因為雅美族的社會文化，還滯於農業社會之境界裏，因此蘭嶼的土地是雅美族的命根。

首先談部落與部落的土地界線。蘭嶼島沿海岸部落位置，都有很明確的界線：如紅頭與漁人部落的界線為Jirakwayo，一直深入山嶺線；漁人與椰油部落的界線為漁人西溪(Jitaoy)一直深入源頭；椰油與朗島部落界線為Jivahaynimanok直入森林地帶；朗島與東清部落界線為Jipanatosan直入山嶺；東清與野銀與紅頭部落界線為Dovakong直入山嶺。每個部落區域內，由該部落的住民有權力來保護及使用土地，不准其他部落的人在內耕種。這種部落與部落間的界線，獲得全體雅美族的認同，亦各部落成立後而規定之。

世系群與家族的土地，每個部落內有幾個世系群與家族等小團體。這些小團體都有他們的林地(Pimowamowan)、果園地(Aakakawan)、小米農田(Owomaen)、地瓜園地(Wawakain)等農區。這些土地從海岸五十公尺以內的分佈在一個部落區域內，非常清楚，不會有含糊不清的情況，同樣地，沒有被他人侵佔，他們有權來維護它。要開墾時，大家一起來耕種，沒有一人佔有，也有共同的認可。

家庭土地，這種土地為繼承家產之不動產，稱為Sako Akaon，建地、水田。使用時，採輪耕的方法耕種，因為有些土地沒有耕種，任其荒蕪，待雅美人覺得可以開墾，就使用它。每戶水田分佈，從海岸以內五十公尺，一直深入每一道溪谷邊，密密麻麻順著水源邊，沒有空地存在。

家戶水田的多寡與來源，擁有田地多的人家大部份是家族獨子繼承，或是招贅、勤耕等因素。田少的人家大都是因為兄弟多、懶惰等造成的結果，這種情況循環在雅美社會，故田多為富，田少為貧。

古時候，雅美人缺乏工具，整地時，僅用雙手挑土，一塊田要花費一年或兩年的光景才能完成，其辛苦真是無以名狀。後來有人發明用木盆Pisakowan來挑土，才能較有效地開墾土地及廣大的部落。

從以上的簡述，便可了解蘭嶼島的土地，沒有一片是荒地，全部都是雅美族擁有，除非不能用的土地才是空地，如風水地(Makacicizit)，若是比較不致人死亡，老人家還可以耕種，如海岸邊、岩石、峭壁、山嶺等。

至於雅美人所住的地方，都是前人用雙手幾千年來造出的平地，自日治時代一直到現在還是繼續縮小雅美族的使用土地，使本族使用的土地越來越小。

至於政府規劃蘭嶼的土地，不以雅美族傳統土地權為考慮，如此只有造成雅美族的自相殘殺，以及種種的社會問題，後果將不堪設想，雅美人必定示威抗議到底。請多了解雅美族的生活史觀，並尊重我族的尊嚴，絕不可以製造讓雅美族社會的混亂與不安事情。

——原載一九九一年二月十日《民衆日報》

●現在的雅美房子。

附錄

雅美族語言配音子母表

a		b	c	d	e	g	h	i	j	k	l	m	n	o	p	r	s	t	v	w	y	z	ng
b	a				e		h	i						o									ng
c		b		d		g		i		k	l	m			p		s		v				ng
d	a				e		h			k				o									
e		b		d			h	i		k		m	n		p	r	s	t	v		y	z	ng
g	a				e			i						o				t					
h		b																					
i	a	b	c	d	e	g	h		j	k	l	m	n	o	p	r	s	t	v	w	y	z	ng
j								i															
k	a		c	d	e		h				l	m	n	o			s	t	v			z	
l	a				e			i						o									
m	a				e	g	h	i						o									
n	a				e			i						o									
o		b		d		g	h			k	l	m	n		p	r	s	t	v	w	y	z	ng
p	a				e		h	i		k				o									
r	a				e			i						o									
s	a	b			e		h	i						o									
t	a	b		d	e		h			k	l	m	n	o	p		s					z	ng
v	a				e			i		k				o									
w	a																						
y	a													o									
z	a				e		h	i						o					v				
ng	a	b		d	e			i						o				t					

羅馬拼音注意事項：

一、相同子母拼音在一起時，務必以（h）音來分開，以示決定詞與詞、字與字之分野，表達聲音更清楚。如aha,｜h｜, naha,……。

二、ji音為否定詞、字，無他用。ci是錯誤。

三、y音只用與a、o字母，通常用在詞、字前，用於後者僅為ay音，如vahay家，yamen我們，yoyo食人鯊。

四、w音很少用的子母，僅用a子母，如wawa海，wakay地瓜，mawaw渴。

五、an, am, ya,a,ey等詞字，雖沒有意思，但都為助詞、連詞……等，可以獨立使用。

雅美族月曆表

雅美族平年有十二個月，大約每隔兩年則有一年為閏年，閏年有十三個月。該年度是否為閏年，是由族中老人根據生物的成長、魚汛等自然環境的變化，與月曆表不甚符合時，即決定延長秋季為四個月，該閏月名Pazpotohon。例如在一九九三年飛魚季時，族人發現月份與魚汛狀況不甚符合，因此一九九四年的秋季即閏一個月。

月數	月名	國曆	四季
一月	Kasiyaman	二月份	春
二月	Paneneb	三月份	
三月	Pikokaod	四月份	
四月	Papataw	五月份	夏
五月	Pipilapila	六月份	
六月	Piyavean	七月份	
七月	Peakaw	八月份	秋
閏月	Pazpotohon		
八月	Pitanatana	九月份	
九月	Kaliman	十月份	
十月	Kaneman	十一月份	冬
十一月	Kapitowan	十二月份	
十二月	Kaowan	一月份	

雅美族日曆表

雅美族一個月為卅天，沒有廿八、卅一天的月份。以一九九三年十二月卅一日為例，為雅美族日曆第十三天Tazanganay。一九九四年一月一日為雅美族日曆的第十四天Manomatohod。之後就按照雅美族日曆表類推至卅天。

日數	雅美語	日數	雅美語
1.	Samorang.	16.	Masacin.
2.	Mavavay.	17.	Maliyo.
3.	Manomareymay.	18.	Manaongdong.
4.	Manojiyareymay.	19.	Malaira.
5.	Mavahawat.	20.	Malaw.
6.	Mawaswas.	21.	Matazing.
7.	Malaw.	22.	Manomaogto.
8.	Matazing.	23.	Manojiyaogto.
9.	Manomaogto.	24.	Mahavos.
10.	Mahavos.	25.	Mahakaw.
11.	Mahakaw.	26.	Mazapao.
12.	Mazapao.	27.	Mavahawat.
13.	Tazanganay.	28.	Manmasavonot.
14.	Manomatohod.	29.	Manojiyasavonot.
15.	Manojiyatohod.	30.	Kabohon.

何從／繪圖

民嗎？

地上，曾
無數精彩
原住民的

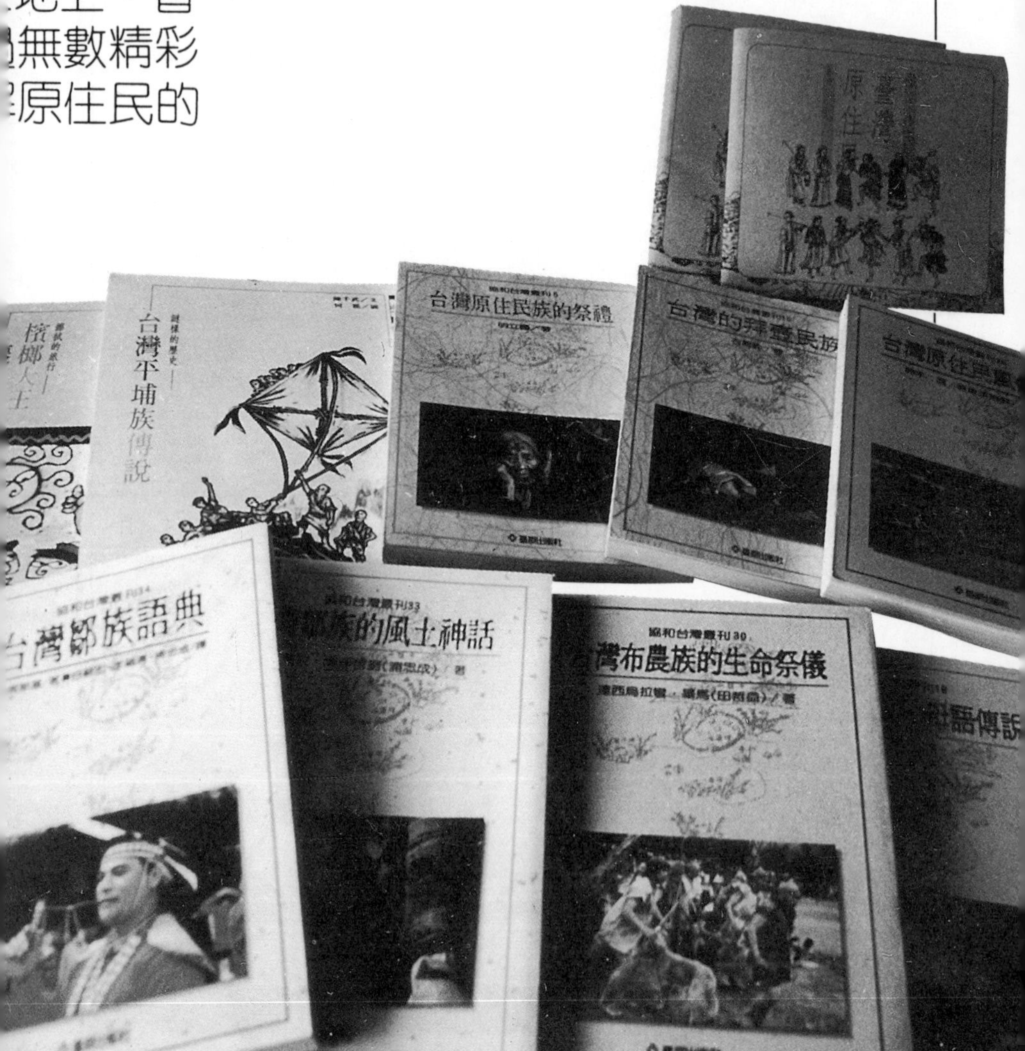